# ELEKTRO-POLIS

# CHANCEN & VISIONEN

PROJEKTARBEITEN DER TFH BERLIN

CHANCES & VISIONS  PROJECT WORKS OF THE TFH BERLIN

| | | |
|---|---|---|
| Hans Achim Grube | Chancen & Visionen für Elektropolis<br>*Chances & Visions for Elektropolis* | 4 |
| Jörg Haspel | Elektropolis Berlin – eine Zukunft für unsere Vergangenheit entwerfen<br>*Elektropolis Berlin – Designing a Future for Our Past* | 12 |
| Mara Pinardi | Entwerfen am Denkmal – Projekte „Bauerhaltung" an der TFH Berlin<br>*Monument Recycling – "Building Preservation" Projects at the TFH Berlin* | 16 |
| | **Abspannwerk Scharnhorst**<br>*Scharnhorst Transformer Station* | 20 |
| Mara Pinardi/Karl Spies | Umnutzung des Abspannwerks Scharnhorst<br>*Reusing Scharnhorst Transformer Station* | 22 |
| Matthias Buschmann/Andreas M. Lang | Architekturschule Berlin<br>*Architecture School Berlin* | 26 |
| Jana Schmidt/Evelyn Galsdorf | Rehabilitations-/Sporttherapiezentrum<br>*Rehabilitation and Sport Therapy Centre* | 30 |
| Jessica Schmidt/Stefan Gutmann | Indoor Sports Center<br>*Indoor Sports Centre* | 34 |
| Catherine Ghardaoui/Sandra Rauter | Digital-Forum<br>*Digital Forum* | 38 |
| Steffi Schulze | Kino- und Erlebniscenter<br>*Cinema and Event Centre* | 40 |
| Nicole Schmude/Jana Wollschläger | UNI Sportzentrum Berlin<br>*UNI Sport Centre Berlin* | 42 |
| Klaus Konietzko/Karla Müller | Das Jenseitsforum – ein Bestattungshaus<br>*The Hereafter Forum – a Burial House* | 44 |

| | | |
|---|---|---|
| | **Kraftwerk Steglitz** *Steglitz Power Station* | **48** |
| Mara Pinardi/Lucius Rathke | Umnutzung des Kraftwerks Steglitz *Reusing Steglitz Power Station* | 50 |
| Delia Ossenkopp/Aram Münster | Kunst-Synergien *Art Synergies* | 54 |
| Antje Kethler/Ronald Otto | Medienbibliothek Steglitz – Wissens- & Kulturzentrum *Steglitz Media Library – Knowledge and Cultural Centre* | 58 |
| Alexandra Heinrich/Alexander Wild | Kraftwerk Steglitz – Designwerk 1910–2002 *Steglitz Power Station Designwerk (Design Factory) 1910–2002* | 62 |
| Maja Leege/Christina Linke | Multifunktionaler Einkaufs- und Freizeitkomplex Steglitz *Steglitz Multifunctional Retail and Leisure Complex* | 66 |
| Silke Einbeck/Matthias Häusler | Energiehöfe Steglitz *Steglitz Energy Yards* | 70 |
| Nicole Aßmann | KRAFT – KÖRPER – WERK *STRENGTH – BODIES – WORK* | 73 |
| Steffen Lehmann | CKS Campusgelände des alten Kraftwerks Steglitz *CKS Campus Site of the Former Steglitz Power Station* | 76 |
| | Impressum *Imprint* | 80 |

# Chancen & Visionen für Elektropolis
*Chances & Visions for Elektropolis*

Hans Achim Grube

Abspannwerk Scharnhorst, Ansicht zum Nordhafen, 1929
*Scharnhorst Transformer Station, view towards Nordhafen, 1929*

Fassadenausschnitt zum Nordhafen
*View towards Nordhafen*

Der Berliner Energieversorger Bewag ist in den vergangenen Jahren vielfach durch Aktivitäten zur Umnutzung von denkmalgeschützten Umspannwerken und Kraftwerken in Erscheinung getreten.

Die Anlagen in diesen Gebäudetypen waren durch technische Veränderungen und Weiterentwicklungen nach jahrzehntelangem zuverlässigem Betrieb stillgelegt worden. Die Gebäude aber stehen, wegen ihrer Bedeutung als Bauwerke der beispiellosen Industrialisierung Berlins, als gebaute „Elektropolis" in ihrer Gesamtheit unter Denkmalschutz.

Die Bewag als Eigentümerin der Immobilien hat es sich zur Aufgabe gemacht, die Gebäude unter weitgehender Berücksichtigung des Denkmalschutzes zu erhalten und neuen, wirtschaftlich trag- und umsetzbaren Nutzungen zuzuführen.

Dazu wurden von der Bewag zwischen 1997 und 1998 für zahlreiche Abspannwerke und ehemalige Kraftwerke, wie z. B. die Abspannwerke Leibniz, Buchhändlerhof, Scharnhorst, Marienburg und die Kraftwerke Schiffbauerdamm und Rummelsburg, die systematische Bestandserfassung der denkmalgeschützten und langfristig zu erhaltenden Bauteile in enger Abstimmung mit dem Landesdenkmalamt Berlin veranlasst.

Ein erstes Zwischenergebnis der Nachnutzungsstrategie war der von der Bewag in Zusammenarbeit mit dem Landesdenkmalamt und den Architekten Kahlfeldt erstellte

*In recent years, the Berlin energy provider Bewag has undertaken numerous activities for changing the use of listed transformer stations and power stations.*

*After decades of reliable operation, the systems in these types of buildings had been put out of operation thanks to technical changes and further developments. However, the buildings were listed in their entirety as a sort of built "Elektropolis" thanks to their importance in the unprecedented industrialization of Berlin.*

*As the owner of the properties, Bewag had set itself the task of retaining the buildings in a manner taking account of their listed status whilst providing them with new uses that were both economically acceptable and realizable.*

*To this end, Bewag undertook between 1997 and 1998 an inventory of the listed structures to be preserved in the long term in close cooperation with the state office for the preservation of historical buildings and monuments in Berlin between 1997 and 1998 for numerous transformer stations and former power stations. These included the transformer stations Leibniz, Buchhändlerhof, Scharnhorst and Marienburg, and the power stations Schiffbauerdamm and Rummelsburg.*

*One first intermediate result of this strategy was the Elektropolis catalogue of listed distribution stations that Bewag undertook in cooperation with the state preservation office and the architects Kahlfeldt. It was intended to make a wider circle of architects and real estate experts aware of the great*

Katalog von denkmalgeschützten Abspannwerken „Elektropolis". Mit dieser Publikation sollten das große Potential dieser Baugattung einem größeren Kreise von Architekten und immobilienwirtschaftlichen Fachleuten bekannt gemacht werden und mögliche Nutzer für die ungewöhnlichen Flächen begeistert werden.

Da die nach der Außerbetriebnahme erreichte Verfügbarkeit der Abspannwerke und Kraftwerke nur langsam bekannt wurde, entschied sich die Bewag ab 1998, die Flächen auch für temporäre Kunst- und Kommerzprojekte zur Verfügung zu stellen. Die Bewag hoffte, durch den Besucherverkehr weitere Interessenten für ganze Gebäude oder Teilflächen zu erreichen. Als erfolgreiche Beispiele für diese Nutzungen sind Ausstellungskonzepte im Abspannwerk Paul-Lincke-Ufer oder das Vitra-Design-Museum im Abspannwerk Humboldt zu nennen.

Das Ziel der wirtschaftlichen Verwertung der nicht mehr betriebsnotwendigen Liegenschaften bestand im Verkauf oder in der Vermietung der Immobilien. Um dieses Ziel zu erreichen, hat die Bewag in vielen Fällen für einzelne Liegenschaften die Erstellung von Umnutzungskonzepten und Bauvoranfragen beauftragt.

Die angedachten Nutzungen konnten dabei sowohl Büro- und Einzelhandelsflächen als auch Wohn-, Hotel- oder Kulturprojekte sein. Auch das zunehmend wichtige Thema der Freizeitimmobilien wurde betrachtet.

Durch die regelmäßige Berichterstattung in den Medien über die architektonisch bemerkenswerten Gebäude der Stromverteilung und auf Grund der Tatsache, dass die Bewag ihre Publikation „Elektropolis Berlin" an alle Berliner Hochschulen mit Architekturfakultät und mehrere andere Universitäten und Bibliotheken geschickt hatte, wurden ab 1999 verstärkt Anfragen von Hochschulen zu einer möglichen Zusammenarbeit mit der Bewag gestellt. Die Anfragen bezogen sich sowohl auf Seminarprojekte als auch auf Entwurfsarbeiten einzelner Studenten. Auch mehrere Diplomarbeiten wurden über die Möglichkeiten zur Umnutzung von denkmalgeschützten ehemaligen Abspannwerken verfasst.

Besonders umfangreich fiel die Bearbeitung des Themas „Umnutzung des Abspannwerks Scharnhorst" bei sieben Planungsteams von Studenten der Technischen Fachhochschule Berlin aus.

Paul Kahlfeldt schrieb über das Abspannwerk Scharnhorst in der Publikation „Elektropolis":

„Dieses 1927 geplante Großabspannwerk gehört zu den bedeutendsten Anlagen seiner Art. Hans Müller konnte das ursprünglich in zwei Bauabschnitten geplante Gebäude als komplette Einheit errichten, und wie bei den nachfolgenden Anlagen sind die gesamten technischen Einrichtungen in einem Baukörper zusammengefasst.

Um innere Lichtschächte gruppieren sich die Ölschalter, und die somit verdeckten Entrauchungsöffnungen sind nicht mehr prägendes Bild der Fassaden. Die Grundriss-

**Broschüre „Elektropolis",** Historische Bauten der Stromverteilung, Bewag 1999
**Booklet „Elektropolis",** Historische Bauten der Stromverteilung, Bewag 1999

*potential of this category of building and inspire possible users for these spaces.*

*However, the fact that the distribution stations and power stations were now available after they had been taken out of service only slowly became known. Consequently, in 1998, Bewag decided to make the areas available for temporary art projects and commercial projects. They hoped to reach more interested persons for whole buildings, or parts of them, through the visitors. Successful examples of such uses were the exhibition concepts in the Paul-Lincke-Ufer Transformer Station and the Vitra-Design-Museum in the Humboldt Transformer Station.*

*The target of economically utilizing those properties no longer required for the plants' functioning was geared towards selling them or renting them. In many cases, in order to achieve this, Bewag had initiated the creation of concepts on changing their use and planning inquiries. Uses considered included both office and retail space or residential, hotel and cultural projects. Similarly, the increasingly important theme of leisure-time real estate was also considered.*

*From 1999 onwards, there were increasing requests from universities about possible cooperation with Bewag. This was a consequence of both regular reporting in the media about the architectonically remarkable buildings for electricity distribution and the fact that Bewag had sent its Elektropolis Berlin publication to all universities in Berlin with an architecture faculty and several other universities and libraries. The requests concerned seminar projects and design works from individual students. Several masters' papers were also written about the possibilities of changing the use of listed former distribution stations.*

*Especially extensive handling was given to the theme of "Changing the Use of the Scharnhorst Transformer Station" by seven planning teams of students from the University of Applied Sciences. The architect Paul Kahlfeldt wrote about the Scharnhorst Transformer Station in Elektropolis Berlin:*

*"This large transformer station was planned in 1927. It was one of the most important structures of its kind. Originally,*

organisation ist idealtypisch nach dem ‚Pflichtenheft' der Bewag organisiert. An den Gebäudeecken befinden sich jeweils die Erschließungstreppenhäuser, die über lange, an den Fassaden verlaufende Flure verbunden sind. Über diese Flure werden die rechtwinklig dazu angeordneten Schaltzellen erreicht. Die Schaltwarte ist mittig im Obergeschoss angeordnet und wird über Oberlichter blendfrei belichtet. Darüber befindet sich eine Besonderheit dieses Werkes, die so genannte Lichtwarte. Dieser auf dem Dach befindliche, rundum verglaste kristalline Raum diente zur Überwachung der Straßenbeleuchtung. Von hier aus konnten die öffentlichen Beleuchtungen nach Bedarf an- oder ausgeschaltet werden.

An der Stirnseite der Anlage befanden sich Netzbüros und Verwaltungseinrichtungen, und an der Rückfassade sind sieben Trafokammern mit Zuluftöffnungen und Entrauchungsschornsteinen additiv angefügt. Zum ehemaligen Nordhafen orientiert sich die Hauptfront des Abspann-

*the building was planned to be in two stages, but architect Hans Müller was able to build it as a complete unit and, as with subsequent installations, incorporated all the technical facilities in one structure.*

*The oil switches are grouped around inner airshafts, hiding the smoke-removal openings and thus preventing them from being the determining image of the façades. The ground plan is organized in a model way in line with Bewag's own specifications. Access staircases on the corners of the building are linked via the long corridor running along the façades. The rectangular switching cells arranged for this are accessed from these corridors. The control room is ordered in the centre of this upper floor. Overhead lights illuminate it nonreflectively. Above it is a speciality of this plant, the light-control tower. It is a crystalline room surrounded completely by glass. It helps in controlling the street lighting. From here, public lighting could be switched on or off as needed.*

**Abspannwerk Leibnizstraße**
Umnutzung zum MetaHaus,
Innenhof, 2002
***The Transformer Station Leibnizstrasse***
*transformed into MetaHouse, inner courtyard, 2002*

Das Kraftwerk Steglitz, gesehen von der Birkbuschstraße, in einer Aufnahme von 1911
*Steglitz Power Station, seen from Birkbuschstrasse, in a photo from 1911*

werkes. Die lange Front ist rhythmisch durch gleichmäßig aus der Wand hervortretende, dreieckige Pfeiler gegliedert, in denen die Abluft der Schaltanlagen geführt wurde. Die so entstehende gewaltige Pfeilerfront erinnert an die wenige Jahre vorher von Peter Behrens errichtete Kleinmotorenfabrik der AEG und die auch ihr zugrunde liegende Ordnung großer Tempelanlagen mit ihrer vertikalen Dominanz. Bei Hans Müller entstehen die ‚Kapitelle' durch seine typischen Gesimsauskragungen, die in diesem Falle als expressionistische Anklänge interpretiert werden können. Diese Schaufront zählt zu Hans Müllers bedeutendsten Leistungen und ist bedauerlicherweise durch die davor befindlichen, mittlerweile groß gewachsenen Pappeln nur eingeschränkt wahrnehmbar. Das Werk ist wie alle anderen bereits seit Jahren stillgelegt, und sämtliche technischen Installationen sind demontiert. Unter Erhalt der Fassaden und von deren Komponenten kann die gesamte innere Struktur an neue Nutzungen angepasst werden."

Für das Entwurfsprojekt im Studienfach „Bauerhaltung" waren die Umnutzungsziele freigegeben. Die Entwürfe gingen grundsätzlich von einem größtmöglichen Erhalt der historischen Bausubstanz aus. Planerische Eingriffe in die Fassadenabwicklungen beschränkten sich in der Regel auf moderate Anpassung der Fensteröffnungen zur Verbesserung der internen Belichtung.

*The network offices and administrative facilities were at the gable-end of the plant. Seven distribution rooms with openings for supply air and smoke-removing chimneys were added on the reverse façade. The main front of the transformer station is aligned towards the former port at Nordhafen. Triangular pillars protruding equidistantly from the wall order the long front rhythmically. They transport waste air from the transformer station. The colossal pillar front arising in this way is reminiscent of the historic AEG factory for building fractional horsepower motors in Berlin built by Behrens just a few years earlier. It also has an underlying order of a large temple arrangement with their vertical dominance. With Hans Müller, the 'chapters' arise through his typical cornice cantilevers, which in this case can be interpreted as expressionist echoes. This display front is ranked among his most important efforts and is regrettably only partly visible because of the poplars that have grown tall in the meantime. The complex has been closed for years, like all the others, and all technical installations have been dismantled. The façades and their components must be retained, but aside from that, the complete inner structure can be adapted for new uses."*

*The design project in the "Preserving Buildings" course had open targets for reutilization. The designs fundamentally assumed the largest possible preservation of the historic*

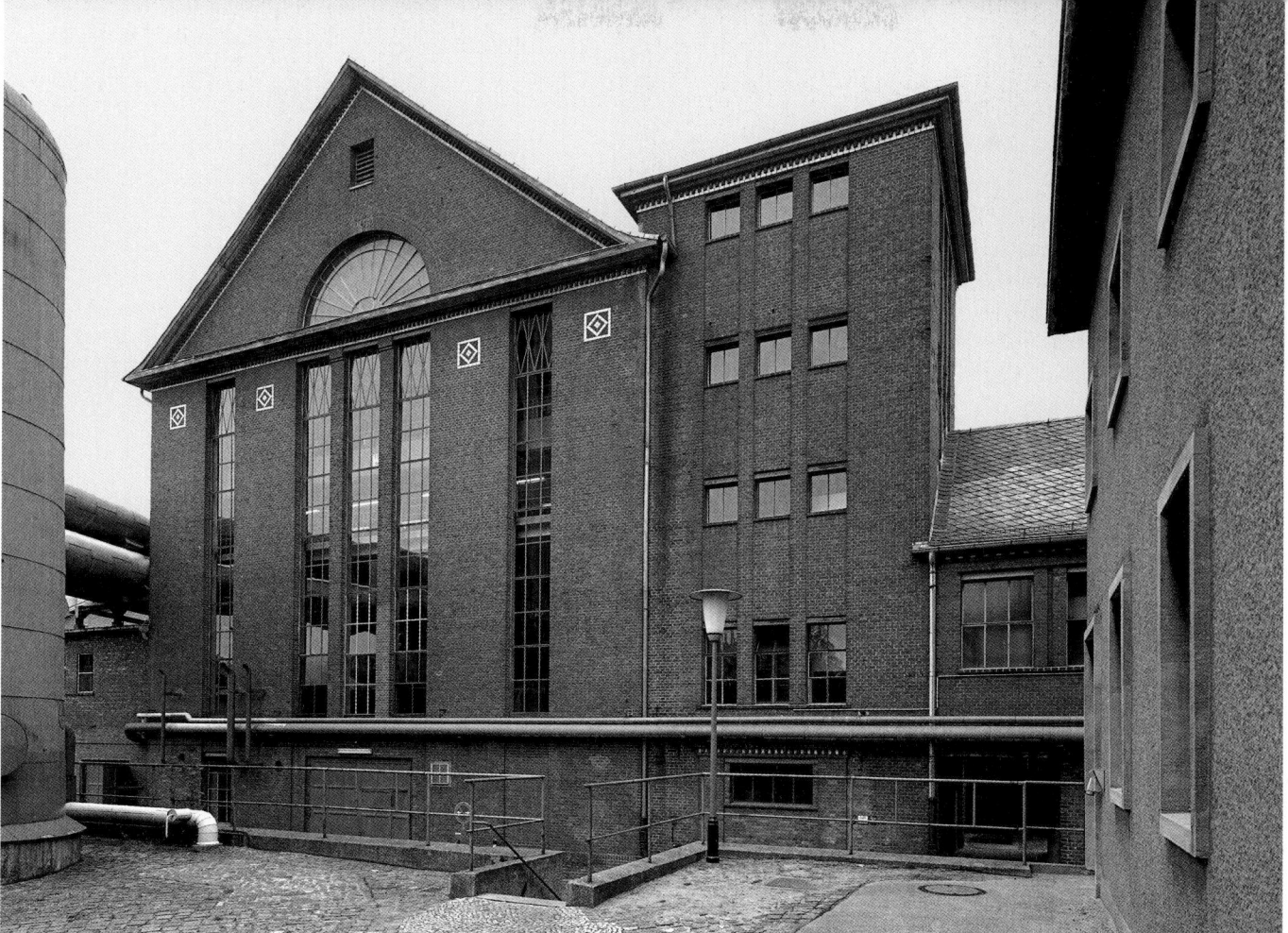

Die Maschinenhalle des Kraftwerks Steglitz vom Hof aus, 1989
*The machine hall of Steglitz Power Station seen from the yard, 1989*

In der abschließenden Entwurfspräsentation erfolgte eine intensive Diskussion der Ergebnisse durch die Dozenten, Studenten und Mitarbeiter der Bewag. Besonders erstaunlich für die externen Beobachter war dabei der sehr hohe plandarstellerische Standard der meisten Arbeiten. Alle vorgestellten Entwurfskonzepte wurden hinsichtlich der denkmalpflegerischen Genehmigungsfähigkeit als grundsätzlich umsetzbar und genehmigungsfähig eingestuft. Zweifel ergaben sich lediglich bezüglich der wirtschaftlichen Rahmendaten. Für die Bewag ergaben sich aus den Ausarbeitungen Ansatzpunkte zu möglichen Initialgesprächen mit potenziellen Investoren, da erste Entwürfe als Machbarkeitsstudien vorlagen.

Wegen des großen Erfolges aus Sicht des Eigentümers Bewag, der Technischen Fachhochschule und der beteiligten Studenten wurde im folgenden Semester die Umnutzung des ehemaligen Kraftwerks Steglitz behandelt.

Auch dieser Gebäudekomplex war von Hans Heinrich Müller entworfen worden; allerdings in seiner Zeit als Gemeindebaumeister in Steglitz in den Jahren 1910 bis 1911. Das Organisationsschema des Baus entspricht dem Prozess der Umwandlung von Kohle in elektrische Energie, dessen einzelne Phasen symmetrisch entlang der Längsachse angeordnet wurden. Nach Anlieferung der Kohle durch Schiffe auf den Kohlenhof erfolgte die Verbrennung im Kesselhaus, die Stromerzeugung im Maschinenhaus und

*structural fabric. As a rule, planning interventions in the development of the façades were limited to moderate adjustment of the window openings to improve internal exposure.*

*In the final presentation of the designs, lecturers, students and Bewag employees discussed the results intensively. For the external observer, the very high standard of graphic depiction of most of the works was particularly astonishing. All the design concepts were assessed on the likelihood of their being approved by the preservation authorities. All were classified as capable of being implemented and authorized. The only doubts concerned the financial outline data. For Bewag, the study papers were points of departure for possible initial discussions with potential investors, since first designs already existed as feasibility studies.*

*Because of the considerable success from the view of the owner Bewag, the University of Applied Sciences and the students participating, the following semester the course looked into utilizing the former Steglitz Power Station.*

*This building complex was also designed by Hans Heinrich Müller, but in his time as Municipal Architect in Steglitz in 1910–1911. The building's organization scheme represents the process of transforming coal into electrical energy, with individual phases arranged symmetrically along the longitudinal axis. Ships brought the coal to the coal yard. It was then burned in the boiler house. Electricity was produced in the machine hall, and finally, distributed in the control*

schließlich die Verteilung im Schalthaus, das mit zwei Seitenflügeln einen Lagerhof bildet. Den straßenseitigen Abschluss bildet das Direktorenhaus mit Registratur und Buchhaltung im Erdgeschoss.

Mit den nunmehr vorliegenden Arbeiten sollen die tatsächlichen Chancen und Visionen der Gebäude veranschaulicht werden. Die Planungen können die Basis für verschiedene Projektrechnungen liefern, um das Ziel des denkmalpflegerischen Erhalts und der wirtschaftlichen Nutzung und Verwertung kurz- bis mittelfristig zu erreichen.

Die Bewag bedankt sich mit dieser Publikation bei der TFH Berlin, Frau Prof. Pinardi und ihrem Lehrstuhl und vor allem bei den beteiligten Studenten, die mit ihren Vorschlägen einen wichtigen Beitrag zum Erhalt dieser Industriedenkmale geleistet haben. Die Kreativität, Vielfalt und die darstellerische Qualität sind beispielhaft.

*building, which formed a stacking yard with two wings. The end on the street side was formed by the director's house with the registry and accounting on the ground floor.*

*The works now on hand should illustrate the actual chances and visions of the building. The planning can supply the basis for various project calculations, in order to achieve the twofold aim of monument preservation and economic use and utilization in the short to medium term.*

*With this publication, Bewag would like to thank the University of Applied Sciences, Professor Pinardi and her chair, and above all the participating students, who made an important contribution to preserving this industrial monument through their contributions. The creativity, variety and graphic-drawing quality are exemplary.*

Die Maschinenhalle des Kraftwerks Steglitz im Jahr 1960
*Steglitz Power Station machine hall in 1960*

Die Maschinenhalle des Kraftwerks Steglitz mit der ehemaligen Technik im Jahr 1930. An den Längsseiten befinden sich noch die Fledermausgauben.
*The machine hall from Steglitz Power Station with the old technology in 1930. The bat peaks are still on the longer side.*

## Elektropolis Berlin – eine Zukunft für unsere Vergangenheit entwerfen
*Elektropolis Berlin – Designing a Future for Our Past*

Jörg Haspel

Berlin, die vormals größte Industriemetropole des Kontinents und Gründungsort zahlreicher Unternehmen, mit deren Erzeugnissen und Erfindungen sich der Wirtschaftsstandort Berlin international einen Namen machte, verdankt nicht zuletzt seinem Bestand an hochkarätigen Bau- und Technikzeugnissen des Industriezeitalters sein unverwechselbares Denkmalprofil. Die Denkmale der Elektroindustrie sowie der Stromwirtschaft vergegenwärtigen bis heute eindrucksvoll den legendären Ruf Berlins als „Elektropolis" unter den Metropolen des 20. Jahrhunderts. Sie bezeugen freilich historische Entstehungs- und Entwicklungsbedingungen, die sich spätestens zum Eintritt ins 21. Jahrhundert grundlegend gewandelt, also überlebt haben, und werden nur dort überdauern können, wo es gelingt, den mit der abgebrochenen Nutzungskontinuität entstandenen Freiraum mit vitalen Funktionen neu zu besetzen oder eben: wirtschaftlich tragfähige Neunutzungskonzepte für die Monumente der Industriekultur umzusetzen.

Unter den Traditionsunternehmen, die Berliner Wirtschafts- und Architekturgeschichte geschrieben haben und deren Denkmalerbe für neue Zweckbestimmungen zur Disposition steht, ist die Bewag an vorderster Stelle zu nennen. Ihre technischen Anlagen, vor allem Kraftwerke und Umspannstationen der Stromversorgung, entstanden unter der Regie führender Baukünstler und haben im Stadtbild Qualitäten einer architektonischen Corporate Identity, einer gebauten Visitenkarte des Unternehmens, angenommen. Vor allem aber hat sich die Bewag vergleichsweise früh auf verändernde Rahmenbedingungen eingestellt und auf eine

*Berlin was once the largest industrial metropolis on the continent and the birthplace of numerous enterprises, whose products and inventions helped the city make a name for itself internationally as a business location. The unmistakable profile of its monuments is thanks not least to its stock of top-class testaments to the industrial age from construction and engineering. Until today, the monuments from the electronics and energy industries have impressively underlined Berlin's legendary reputation as the "Elektropolis" amongst the 20th-century metropolises. They clearly attest the historical conditions of evolution and development. These conditions have changed fundamentally since we entered the 21st century, at the latest, and are now out-of-date. They will only be able to survive where we succeed in filling the free space arising from the discontinued utilization continuity with vital functions, or just implement economically viable concepts for finding new uses for the monuments of industrial culture.*

*Bewag must be mentioned right at the start among the traditional companies that wrote Berlin's economic and architectural history and whose monumental inheritance stands at our disposal for new dedication. Their technical installations, above all power plants and transformer stations for supplying electricity, arose under the guidance of leading architects and have assumed the qualities of an architectonical corporate identity, as the company's constructed visiting card in the townscape. Above all, though, at a comparatively early stage, Bewag was prepared for the changed situation and set their hopes on a strategy of action based on marketing the monuments and searching for new*

Historische Aufnahme von 1936: Kraftwerk Steglitz mit dem Straßenbahndepot um 1900 und dem Abspannwerk von Egon Eiermann von 1929–30

*Historical photo from 1936: Steglitz Power Station with the tramway depot, ca. 1900, and the transformer station from Egon Eiermann, built 1929–30*

aktive Handlungsstrategie des Denkmalmarketings und der denkmalerhaltenden Umnutzung gebaut, statt auf eine eher konservativ abwartende Haltung zu vertrauen. Hinter dieser Liegenschaftspolitik stand und steht eine Unternehmensphilosophie, die man im Ergebnis als eine Art ökonomischer und konservatorischer Werterhaltungsstrategie begreifen möchte, um im Schnittfeld zwischen Immobilienmanagement und Denkmalmanagement einem drohenden – materiellen und ideellen – Raubbau an ungenutzten, aber nicht nutzlosen historischen Ressourcen zuvorzukommen und deren Reaktivierung anzubahnen.

Auch die vorliegende Veröffentlichung, die gewissermaßen zwei Markenartikeln aus der historischen Bewag-Bauproduktion unter der architektonischen Leitung von Hans Heinrich Müller gilt, leistet ein Stück Vermittlungsarbeit zwischen dem historischen Denkmalpotential der „Elektropolis Berlin" und dem Zukunftspotential seiner Monumente für neue Erwerber- beziehungsweise Betreiberinteressen. Die Denkmalgruppe des um 1910 realisierten Kommunalkraftwerks Steglitz zählt quasi zu den Frühwerken der beginnenden Berliner Moderne und sollte mit ihrer sachlich repräsentativen Gestaltung maßgeblich den Weg des Gemeindebaubeamten zum Hausarchitekten der Bewag nach dem Ersten Weltkrieg bereiten helfen. Das gegen 1928 entstandene Abspannwerk Scharnhorst, das größte Umspannwerk von Berlin, fasste alle notwendigen technischen Anlagen in der markanten Großform eines schweren Backsteinkubus zusammen, dessen Hauptfassade sich weithin sichtbar am ehemaligen Nordhafenbecken zu einer expressiven Wandpfeilerfront auffaltet, deren Zick-

*uses that would preserve them, instead of relying on a more conservative wait-and-see approach. Behind this property policy stood and stands a company philosophy that we can understand as a sort of value-preservation strategy, in both financial and conservation terms. It is one of anticipating a threatening overexploitation of historic resources – material and ideal – that are unused but not useless at the interface between property management and monument management, and of initiating their activation.*

*This publication is valid, so to speak, for two branded articles from the historic Bewag buildings constructed under the architectonic guidance of Hans Heinrich Müller. It also functions as a mediator between the historic monument potential in Elektropolis Berlin and the future potential of its monuments for new purchaser or operator interests. The group of monuments at Steglitz Municipal Power Station, built in 1910, are practically among the early works of the fledgling Berlin Modernist style. Its functional representative design was to considerably help prepare the path of the municipal construction official to become Bewag's house architect after the First World War. Scharnhorst Transformer Station was constructed around 1928 and was the largest transformer station in Berlin. It united almost all the necessary technical facilities in its prominent large form of a heavy brick cube. You can see its main façade at the former basin at Nordhafen from far away. It unfolds to an expressive pilaster front, whose zigzag rhythm flashes. The shape itself is also a common symbol for electricity.*

*The student designs for protectively utilizing the Bewag industrial monuments of Scharnhorst Transformer Station*

zack-Rhythmus zudem ein geläufiges Symbol der Elektrizität aufblitzen lässt.

Die unter der Betreuung von Frau Prof. Mara Pinardi an der Technischen Fachhochschule Berlin (TFH) entstandenen studentischen Entwürfe zur erhaltenden Umnutzung der Bewag-Industriedenkmale Abspannwerk Scharnhorst und Heizkraftwerk Steglitz liefern ein breites Spektrum virtueller Nachnutzungsvarianten für die beiden denkmalgeschützten Anlagen. Die Projektstudien schließen eine wichtige Lücke im Prozess der erfolgreichen Vermittlung leer gefallener Denkmalimmobilien, indem sie sozusagen virtuell unterschiedliche Zukunftsmodelle im Vergleich anbieten. Sie basieren auf konkreten Denkmalgegebenheiten und mobilisieren zugleich die visuelle Imagination des Betrachters für eine über die Denkmalgegenwart hinausweisende Option oder gar Zukunftsvision. Dem Herausgeber und allen Autoren, namentlich den Entwurfsverfassern der Studienarbeiten unter Anleitung von Frau Pinardi und unter Anstiftung von Herrn Architekt Hans Achim Grube, ist herzlich zu danken für ihre Initiative und Vermittlungsbeiträge zur Erhaltung Berliner Denkmale der Stromversorgung. Als Konservator möchte man hoffen, dass solche praxisbezogenen Beispiele Schule machen und bestandsorientierte Entwurfsaufgaben verstärkt in Studium und Curriculum der Architekten- und Planerausbildung Eingang fänden. Den Lesern und Betrachtern dieser Projektdokumentation wünsche ich eine informative und anregende Lektüre.

*and Steglitz Thermal Power Station that arose under the guidance of Professor Mara Pinardi at the University of Applied Sciences supply a broad spectrum of virtual after-use variants for both the listed installations. The project studies close an important gap in the process of successfully mediating monument properties that have become empty, by them effectively offering differing virtual future models in comparison. They are based on concrete conditions for monuments and simultaneously mobilise the visual imagination of the observer about an option going beyond the monument's present state or even a future vision. The editor and all the authors, in particular the design authors of the course work under the guidance of Mrs Pinardi and with the instigation of the architect Hans Achim Grube, should be given our warmest thanks for their initiative and mediatory contributions towards preserving electricity supply monuments in Berlin. As a curator, I would like to hope that such practise-orientated examples set a precedent and stock-oriented design tasks increasingly gain access in the studies and curricula of architects and planners. I would like to wish the readers and observers of this project documentation an informative and stimulating read.*

Lichtschachthof im Abspannwerk
Scharnhorst, 2000
*Light well courtyard in Scharnhorst
Transformer Station, 2000*

Glasdach über Warte
im Abspannwerk Scharnhorst, 2000
*Glass roof over light control room,
Scharnhorst Transformer Station, 2000*

**Entwerfen am Denkmal – Projekte „Bauerhaltung" an der TFH Berlin**
*Monument Recycling – "Building Preservation" Projects at the TFH Berlin*

Mara Pinardi

Die Projekte „Bauerhaltung" an der TFH haben das Ziel, StudentInnen mit konkreten Aufgaben des Städtebaus und der Architektur im Bestand zu konfrontieren. Die Wahl der Themen erfolgte in Zusammenhang mit aktuellen Problemen der Stadt und ist daher eng an die politische und wirtschaftliche Situation geknüpft. Denkmalpflege als Schwerpunkt des Berufsbildes des Architekten erhält in der heutigen Zeit eine besondere Bedeutung, wenn man bedenkt, dass die baulichen Tätigkeiten der nächsten Jahre zu 90 Prozent im Bereich Bauerhaltung und Bauen im Bestand durchgeführt werden.

Die Wahl des Abspannwerks Scharnhorst und des Kraftwerks Steglitz als Thema unserer Projekte fügt sich in die aktuelle Problematik der Umnutzung von Industriebrachen ein. Die Auseinandersetzung mit dem Architekten Hans Müller und seinen Bauten* für die Bewag schien uns eine gute Gelegenheit zu sein, die StudentInnen mit einem Gebiet vertraut zu machen, in dem mit neuen Arbeitsmethoden experimentiert werden kann. Dies bot didaktische und wissenschaftliche Möglichkeiten für die Erarbeitung von Entwürfen mit unterschiedlichen funktionalen Anforderungen und Maßstäben. Außerdem ermöglichten die Größe und die architektonische Qualität der beiden Komplexe, das Thema der Gebäudeerneuerung am technischen Denkmal in seiner Komplexität zu betrachten und eine Arbeitsmethode anzuwenden, die ganz besondere Grundkenntnisse voraussetzt, zu deren Erwerb das Entwerfen von Neubauten allein nicht ausreicht.

*Building preservation projects at the University of Applied Sciences aim to confront students with definite urban development tasks and with building-in-stock. These themes were chosen in connection with current problems of the city and are closely linked with the political and economic situation. Over the next few years, 90 per cent of construction activities will be carried out in the area of building preservation and building-in-stock. For this reason, we give special importance to preserving historic buildings and monuments as one main emphasis of the architect's job analysis today.*

*We chose Scharnhorst Transformer Station and Steglitz Power Station as our project's theme to fit in with the current difficulties of unused industrial premises. Dealing with architect Hans Müller and his Bewag buildings\* also seemed to us to be a good opportunity to acquaint the students with an area in which they can experiment with new working methods. This offered didactic and scientific possibilities for acquiring designs with different functional demands and measures. Furthermore, the size and architectonic quality of both complexes enabled us to observe the theme of building renewal with technical monuments in its complexity, and to apply a working method that presupposes very special basic knowledge that cannot be acquired just by designing new buildings.*

\* Paul Kahlfeldt
Hans Heinrich Müller: 1879–1951; Berliner Industriebauten. Birkhäuser Verlag, Basel, Berlin, Boston 1992

Die Herangehensweise an die Aufgabe der Denkmalerneuerung im Rahmen der zwei Projekte basierte auf drei aufeinander folgenden architektonischen Arbeitsgängen:
1. Bestandsaufnahme
2. Erhaltung
3. Erneuerungsprojekt

Die Bestandsaufnahme schuf die unerlässlichen Grundlagen für die folgenden Projektphasen, da sie ein präzises Verständnis der vorgegebenen strukturellen und typologischen Systeme und der konstruktiven Details ermöglichte. Dabei handelte es sich um die Überprüfung und Ergänzung teilweise vorhandener Bestandsaufnahmen und die Erfassung der späteren Veränderungen anhand der historischen Pläne und der Beobachtungen vor Ort. Ein Grundprinzip bestand darin, die in dieser Phase erworbenen Kenntnisse über die historischen Spuren zur weitestgehenden Erhaltung der Bausubstanz einzusetzen. So versuchten die StudentInnen, die beiden grundlegenden Elemente der Erhaltung und der Erneuerung miteinander in Einklang zu bringen und ein ausgewogenes Resultat zu erreichen.

Einige allgemeine Grundsätze, auf die wir im Rahmen des Erneuerungskonzeptes eingegangen sind, lassen sich leicht an den Zeichnungen ablesen und sind in allen hier vorgestellten Arbeiten aufgegriffen worden: die Betonung

*Tackling the task of renewing monuments within the two projects is based on a method with three successive architectonic operations:*
*1. Stocktaking*
*2. Preservation*
*3. Renewal project*

*Stocktaking created the essential basis for the subsequent project phases, since it enabled a precise understanding of given structural and typological systems and the constructive details. This involved checking and extending partially available stocktaking and later recording changes using historical plans and on-site observations. One basic principle in this phase consisted of applying the knowledge gained about the historical tracks towards the greatest possible preservation of the building substance. In this way, students attempted to reconcile both basic elements of preservation and renewal, and to achieve a balanced result.*

*Some general principles that we entered as part of the framework of this renewal concept can be easily read from the drawings. They were picked up on in all of the works introduced here:*

*Emphasizing the spatial qualities by giving special attention to the large-dimensioned interiors. This produces long fields of vision with deep vertical and horizontal sight axes.*

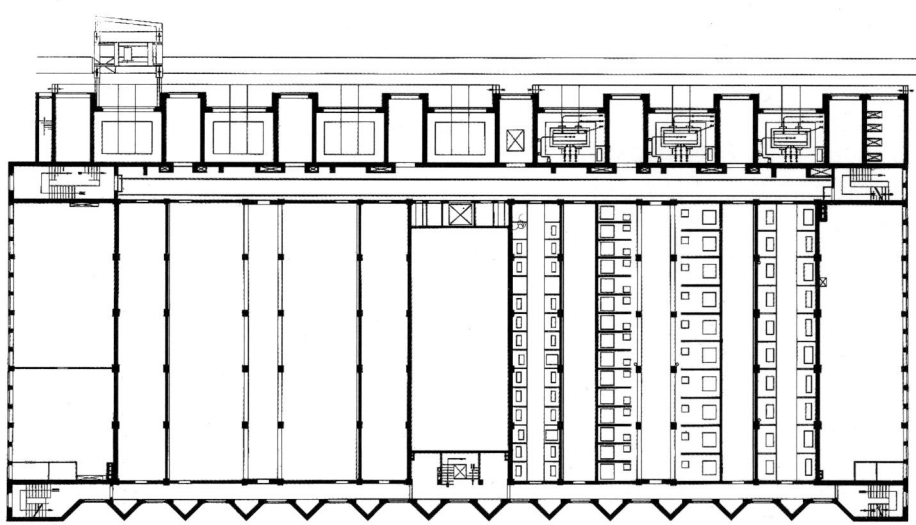

Abspannwerk Scharnhorst,
Grundriss
*Scharnhorst*
*Transformer Station*
*Ground-floor plan*

Abspannwerk Scharnhorst
Schnitt
*Scharnhorst*
*Transformer Station*
*Section*

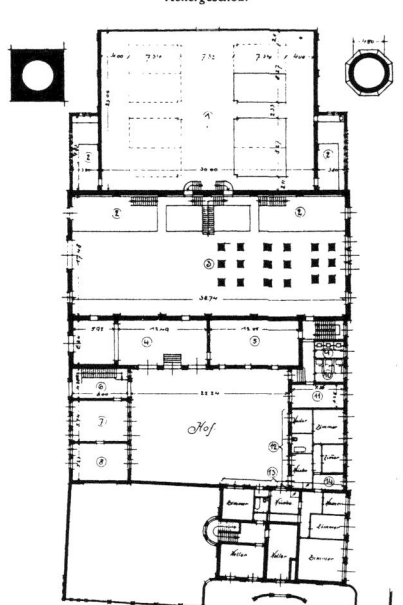
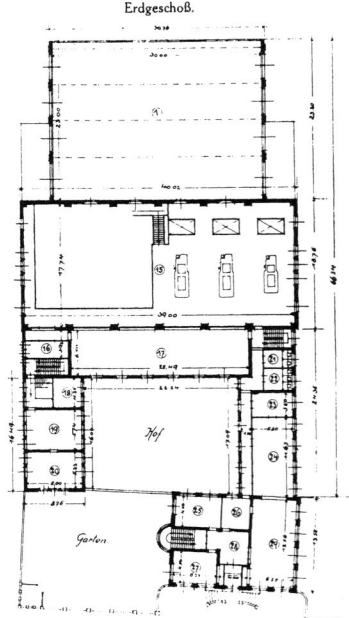
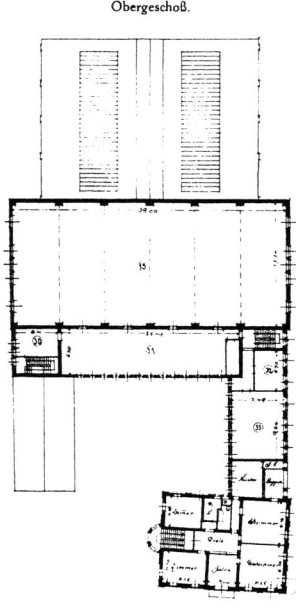

der räumlichen Qualitäten durch besondere Beachtung der groß dimensionierten Innenräume. Es ergeben sich lange Sichtfelder mit vertikalen und horizontalen Blickachsen von großer Tiefe. Diese Effekte werden durch die Verwendung von Eisen und Glas sowie durch Verdoppelung oder Verdreifachung einzelner Volumen möglich.

Das oben beschriebene Prinzip der Erhaltung und Erneuerung lässt sich auch durch eine klare Unterscheidung zwischen der ursprünglichen Außenhaut des Gebäudes und der im Inneren eingefügten Architektur verwirklichen. Dieses Ziel wurde durch die Verwendung einfacher, deutlich erkennbarer Formen für die einzelnen Volumen erreicht, sozusagen Baukörper im Baukörper.

Wir haben allerdings immer vorgeschlagen, die neuen Konstruktionen sehr behutsam mit der alten Grundstruktur zu verbinden und unnötige Übertreibungen oder Verzerrungen zu vermeiden, die leicht entstellend wirken können und für den späteren Benutzer nur verwirrend sind.

Die Philosophie der Raumgliederung und der Formensprache muss konsequent und kompromisslos mit dem Funktionsprogramm in Einklang gebracht werden. Die einzelnen Projekte zeigen vielfältige, leicht erkennbare Aufteilungsmöglichkeiten mit klaren Abfolgen und logischer Verbindung der einzelnen Funktionen untereinander, so dass unterschiedliche Raumerlebnisse möglich werden.

Eine große Bedeutung wurde der Entwicklung von Detaillösungen beigemessen, die die Verbindung von Alt und Neu unter konstruktiven Gesichtspunkten anhand von Zeichnungen und Modellen thematisiert haben.

Die hier vorgestellte Arbeit erforderte eine intensive Beziehung zu den StudentInnen mit zahlreichen langen Beratungs- und Überarbeitungsterminen. Während dieser Phase war es möglich – in Zusammenarbeit mit Prof. Dr. Karl Spies für das Abspannwerk Scharnhorst und Lucius

*These effects are made possible by utilizing iron and glass along with doubling or trebling individual volumes.*

*The principle of preserving and renewing described above can also be realized by clearly differentiating between the original exterior skin of the building and the architecture inserted within it. We achieved this target by using simple, easily recognizable forms for the individual volumes, structure in structure so to speak.*

*However, we always recommended linking the new constructions very carefully with the old layout, and avoiding unnecessary exaggerations or distortions that can easily seem deformed and are only confusing for the later user.*

*The philosophy of spatial organization and using forms must be harmonized consistently and without compromise with the function program. The individual projects show various, easily recognizable possibilities for division with clear sequences and logical connection of individual functions with each other so that various spatial experiences are possible.*

*Great importance was given to developing detail-solutions that had picked out the link of old and new under constructive points of view using drawings and models as a central theme.*

*The work described here required intensive relations with the students with numerous long appointments for advising and reworking. During this phase, it was possible (in cooperation with Professor Karl Spies for Scharnhorst Transformer Station and Lucius Rathke for Steglitz Power Station) to hold discussions, show examples, correct drawings and jointly develop the final solutions. The final result might appear easy, but it was a difficult synthetic process.*

*Overall, the students worked on the project themes with patience and talent and enough reached very different inter-*

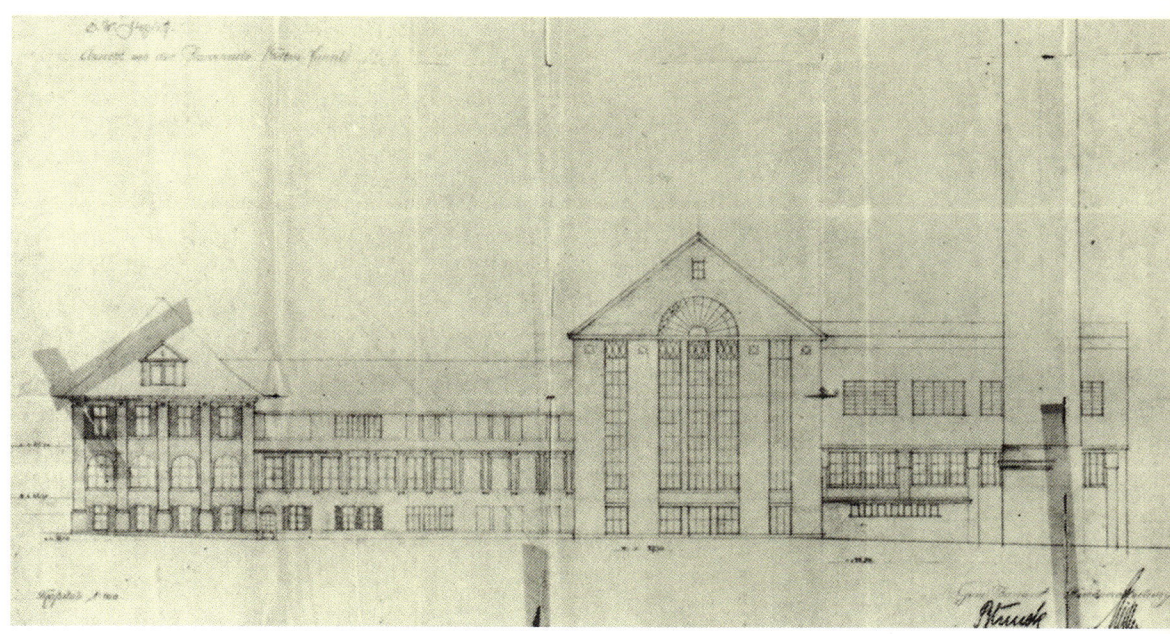

Heizkraftwerk Steglitz,
Grundrisse und Ansicht vom Teltowkanal
*Steglitz Power Station,*
*Ground-floor plans and seen from Teltow Canal*

Rathke für das Kraftwerk Steglitz – Diskussionen zu führen, Beispiele aufzuzeigen, Zeichnungen zu korrigieren und so gemeinsam die endgültigen Lösungen zu entwickeln. Ein schwieriger synthetischer Prozess, so einfach auch am Ende das Ergebnis scheint.

Insgesamt haben die StudentInnen mit Geduld und auch mit Talent an diesen Projektthemen gearbeitet und sind dabei zu individuell recht unterschiedlichen Interpretationen gekommen, ohne jedoch die bereits erwähnten Anregungen und Prinzipien aus den Augen zu verlieren. Die Ergebnisse mit ihren ideenreichen Vorschlägen für neue Räume und Funktionen zeugen von den unzähligen Möglichkeiten, alten Gebäuden neue Nutzungen zuzuweisen, ohne ihre ursprüngliche Qualität einzubüßen. Sie eröffnen im Gegenteil außergewöhnliche räumliche Perspektiven, und das Erinnerungsmoment wird so zu einer tragfähigen Basis für einen kontinuierlichen, Brüche vermeidenden Prozess der Stadtentwicklung.

Für die Zusammenarbeit und die Unterstützung bei der Veröffentlichung der Projektergebnisse möchten wir uns bei der Bewag sehr herzlich bedanken, vor allem für die Bereitschaft, uns die Gebäude für Wochenendworkshops zur Verfügung zu stellen.

*pretations individually in the process, without beforehand forgetting the suggestions and principles already mentioned. The results, with their imaginative suggestions for new rooms and functions, show the innumerable possibilities of providing old buildings with new uses without them losing their original quality. Quite the opposite, it opens unusual spatial perspectives and the moment of reminding becomes a working basis for a continuous process of city development, avoiding breaks.*

*We would like to thank Bewag very warmly for cooperating and supporting the publishing of project results, and above all for their willingness to make the buildings available to us for weekend workshops.*

# ABSPANNWERK SCHARNHORST
## SCHARNHORST TRANSFORMER STATION

Sellerstraße 16–26
13353 Berlin
Architekt Hans Müller
Baujahr 1927
Bruttogeschossfläche 19.136 m²
Stilllegung 1992

*Sellerstrasse 16–26*
*13353 Berlin*
*Architect Hans Müller*
*Year of construction 1927*
*Gross storey area 19,136 m²*
*Closure 1992*

## Umnutzung des Abspannwerks Scharnhorst
*Reusing Scharnhorst Transformer Station*

Mara Pinardi/Karl Spies

Die Umnutzung des Abspannwerks Scharnhorst wurde im Sommersemester 2001 im Rahmen des Gesamtprojekts des Studiengangs Architektur „Vom Wedding zur Mitte" erarbeitet und Ende Juli anlässlich der Ausstellung zur TFH-Veranstaltung Lux 9 in der Eingangshalle des Hauses Bauwesen ausgestellt.

Sieben studentische Gruppen haben sich mit der städtebaulichen Anbindung des Gebäudes im umliegenden Kontext, mit der Entwicklung eines adäquaten Nutzungsvorschlags und mit dem Entwurfskonzept unter Berücksichtigung der typologischen und konstruktiven Merkmale des Denkmals auseinander gesetzt.

Das Abspannwerk liegt an der Nahtstelle der ehemaligen Bezirke Tiergarten, Wedding und Mitte in der Nähe zum monofunktional genutzten Gebiet des Pharma- und Chemiekonzerns Schering. Die landschaftliche Umgebung wird durch den Nordhafen mit einer Grünanlage und der Panke bestimmt. Durch das kompakte Erscheinungsbild mit seiner zum Nordhafen hin orientierten expressionistischen Fassade prägt das Abspannwerk entschieden die Sellerstraße und ist dazu prädestiniert, ein Knotenpunkt überbezirklicher Bedeutung an der Übergangsstelle zwischen bebauter und unbebauter Fläche zu werden. Die Potentiale des Gebietes, das Wasser des Nordhafens und der Panke, waren wichtige Ausgangspunkte für das städtebauliche Konzept. Die Öffnung der zurzeit kanalisierten Panke und ihre Miteinbeziehung in die Hofgestaltung spielt hier eine besondere Rolle für die vorgesehene Verbindung zur Chausseestraße.

Ziel der Projektarbeit war das Erarbeiten von Entwurfskonzepten zur Umnutzung des bereits seit Jahren leer ste-

*In Summer Semester 2001, students handled the subject of reusing the transformer station at Scharnhorst as part of the project for the architecture course "From Wedding to Mitte". It was also exhibited at the end of July as part of the University of Applied Sciences exhibition Lux 9 in the entrance hall of the Building and Construction Industry House.*

*Seven student groups looked intensively at the urban development connections of the building in the context of its surroundings, developing a suggestion for adequate use and a design concept taking into account the typological and constructive characteristics of the monument.*

*The transformer station lies just where the former districts of the inner city, Tiergarten, Wedding and Mitte meet, close to an area of monofunctional use (the pharmaceutical and chemical combine Schering). Its surroundings are dominated by the harbour at Nordhafen with a park and the River Panke. The transformer station decisively influences Sellerstrasse with its compact appearance and the expressionistic façade oriented towards Nordhafen. It is predestined to be a junction of cross-district importance at the transition between built-up and non-built-up areas. The area's potential, the water of Nordhafen and the Panke, were important starting points for the urban development concept. The Panke is currently canalised and its opening up and incorporation in the developing of the yard plays a special role for the planned link to Chausseestrasse.*

*The project work aimed at drawing up design concepts for reusing the transformer station, which had already been standing empty for years, in order to come to grips with the monument and its special typological and constructive fea-*

Abspannwerk Scharnhorst, Fassadenausschnitt zum Hof mit Trafokammern und Entlüftungsschächten, 2000
*Scharnhorst Transformer Station, detail of façade towards courtyard with distribution houses and exhaust shafts, 2000*

henden Abspannwerks als Auseinandersetzung mit dem Denkmal und seinen typologischen und konstruktiven Besonderheiten. Dabei spielte die Integration der für das Gebäude typischen Bestandteile und die Verbindung von Alt und Neu eine besondere Rolle.

Die erste Phase der Entwurfsarbeit stellten die Analyse und Hervorhebung der wichtigen Merkmale des Gebäudes dar. Das 1927 geplante Abspannwerk wurde zwar als Ganzes errichtet, mit Technik ausgestattet wurde jedoch nur eine Hälfte des Gebäudes, während die andere Hälfte ungenutzt blieb. Der rechteckige Grundriss des Gebäudes ist durch eine symmetrische Raumaufteilung gekennzeichnet: An den vier Gebäudeecken ist jeweils ein Treppenhaus angeordnet, die Mitte des Gebäudes wird durch den großen mehrgeschossigen Photometer-Raum und die darüber befindliche Warte und Lichtwarte bestimmt, während rechts und links die Schaltzellen angeordnet sind. Heute sind die ehemaligen technischen Installationen nicht mehr vorhanden. Geprägt

*tures. In this, a special role was given to integrating components typical for the building and linking old and new.*

*Analysing and emphasizing the important characteristics of the building represented the first phase of the design work. It was planned in 1927 and built as a whole. Only one half of the building was equipped with technology, however, the other remaining unused. The rectangular plan view of the building is dominated by a symmetrical floor plan: a stairwell is located on each of the four corners of the building, the centre is defined by the large multi-storeyed photometer room and control room and light-control tower located above, whereas the switching cells are ordered to the right and left. Nowadays, the former technical installations have gone. The façades, the central photometer room, the air wells, the distribution houses, the control room and the light-control tower dominate the building's appearance. All the designs deal with these important elements of the technical monument and have their incorporation in the whole concept as their theme.*

Abspannwerk Scharnhorst,
Glasdach über Warte, 2000
*Scharnhorst Transformer Station,
glass roof above the control room, 2000*

wird das Gebäude in seinem Erscheinungsbild durch die Fassaden, den zentralen Photometer-Raum, die Lichtschächte, die Trafohäuser, die Warte sowie durch die Lichtwarte. Alle Entwürfe beschäftigen sich mit diesen wichtigen Elementen des technischen Denkmals und thematisieren deren Einbeziehung in das gesamte Konzept. Ein wichtiges Element ist zudem die Stahlskelettkonstruktion. Das klare und übersichtliche Tragwerksraster und das offene System der Stützkonstruktionen bieten ein ideales Gerüst für die Integration neuer Funktionsebenen, ohne zusätzliche Tragelemente einzubauen. Einige Projekte gehen von der Entkernung des Gebäudes unter Beibehaltung der oben genannten wichtigen Elemente aus und verwenden das vorhandene Tragwerk für die neuen Ebenen und Baukörper.

Das Erneuerungskonzept befasst sich mit der Hervorhebung der hinsichtlich einer künftigen Nutzung vorhandenen Mängel des Gebäudes, an deren Beseitigung in den Entwürfen gearbeitet wurde.

Das Thema Licht spielte eine wesentliche Rolle für die neue Nutzung: Durch die Anordnung der Flure an den beiden Längswänden und die erhebliche Gebäudetiefe sind die meisten Räume nach innen orientiert und daher sehr dunkel. Diesbezüglich sind vielfältige Lösungen entstanden, die von neuen Lichthöfen, der Einbeziehung Warte/Photometer-Raum in eine weiträumige Eingangshalle, von der Verglasung der Dachflächen der Trafo-Häuser bis hin zur Schaffung großzügiger, mit einem Glasdach belichteten Bereichen mit neu hinzugefügten Baukörpern gehen.

Ein anderes wichtiges Thema war die Erschließung, da die vorhandenen Treppen im Hinblick auf eine neue Nut-

*Another important element is the steel skeleton structure. The clear and lucid load-bearing structure pattern and the open system of load-bearing structures offer an ideal framework for integrating new functional levels, without installing additional supports. Some projects start from the assumption that the core of the building is to be removed whilst the important elements named above are retained and the existing load-bearing structure used for the new levels and main body.*

*The renewal concept deals with emphasizing the building's existing defects as regards a future use. Their removal is being worked on in the designs.*

*The theme of light plays an important role for the new utilization: the arrangement of the corridors on both longitudinal walls and the considerable depth of the building means that most of the interiors are oriented inwards and so very dark. Various solutions arose for this, ranging from new light wells, including the control/photometer room in a spacious entrance hall, to glazing the roof areas of the distribution houses, right up to creating generous areas illuminated with a glass roof with newly-added structures.*

*One further important theme was accessibility since the existing stairs lie decentralized and are not adequate for a*

Abspannwerk Scharnhorst, Schaltanlagenraum, 1998
*Scharnhorst Transformer Station, room for switchboard plant, 1998*

Abspannwerk Scharnhorst, ehemalige Lichtwarte zur Kontrolle der Straßenbeleuchtung im Zentrum Berlins, 2000
*Scharnhorst Transformer Station, former light-control tower for the control of the street lighting in Berlin city, 2000*

zung dezentral liegen und nicht ausreichend sind. Alle Projekte befassen sich mit der Anordnung einer erkennbar günstigeren Erschließung. Das Dachgeschoss wurde in allen Projekten als neues Element der inneren Raumstruktur aufgenommen. Weiterhin waren die Bereiche Wasser und Landschaft und deren Einbeziehung in das Gebäude ein wichtiger Bestandteil der Entwürfe. Die Freilegung der Panke war zum Beispiel für viele Projekte der Anlass, den Bezug Innen-Außen in die neue Raumgestaltung zu thematisieren.

Die Projekte zeigen die Vielfalt an Nutzungsmöglichkeiten, die im Umspannwerk unter Berücksichtigung des Denkmals untergebracht werden können: Mischnutzung mit Sport- und Kultureinrichtungen, Technologiezentrum, Hochschule oder ausgefallene Nutzungskonzepte wie ein Reha-Zentrum und ein Bestattungshaus.

*new use. All projects deal with developing recognizably better access. The attic storey was included as a new element of the inner spatial structure in all projects. Furthermore, another important component of the designs is the areas of water and scenery and their inclusion in the building. Opening up the Panke was, for example, for many projects the reason to have the relation of inside and outside as a central theme in the new interior design.*

*The projects exhibit the variety of utilization possibilities, that can be housed in the transformer station whilst taking account of the monument: mixed uses with sport- and cultural facilities, a technology centre, university or unusual utilization concepts such as a rehabilitation centre and a burial house.*

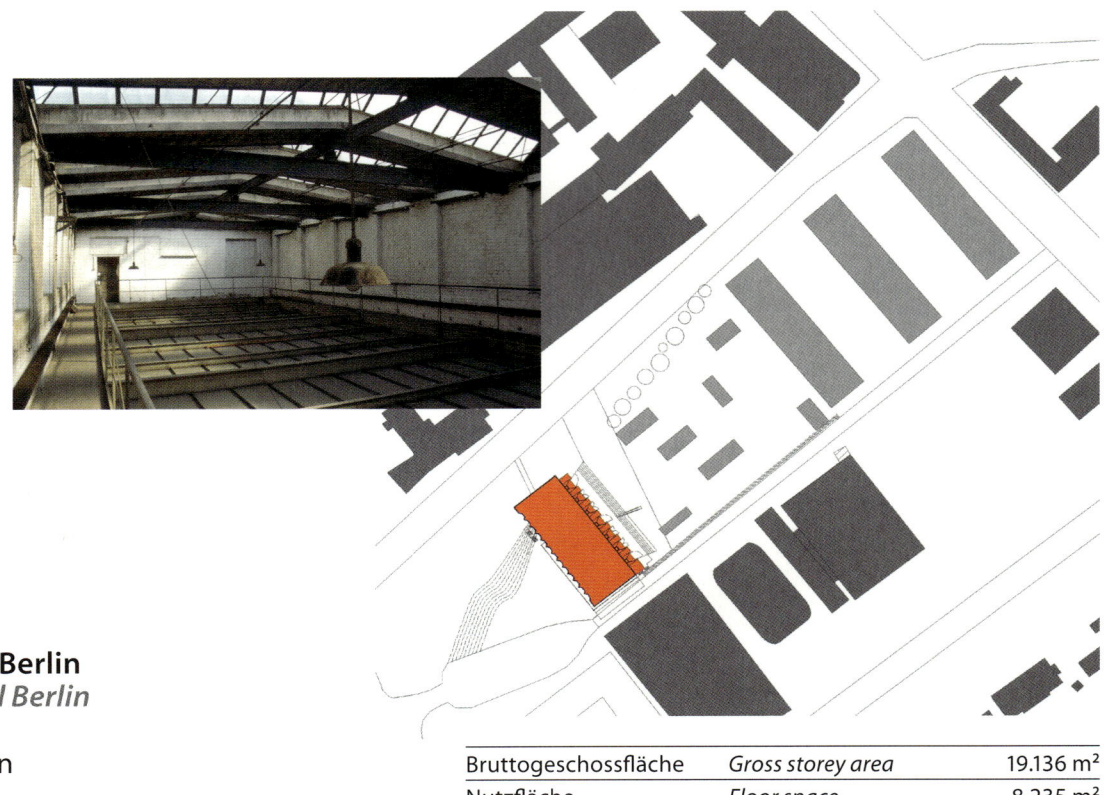

## Architekturschule Berlin
*Architecture School Berlin*

Matthias Buschmann
Andreas M. Lang

| Bruttogeschossfläche | Gross storey area | 19.136 m² |
|---|---|---|
| Nutzfläche | Floor space | 8.235 m² |

In den Baukörper des Abspannwerks Scharnhorst wird eine Architekturschule integriert und das gesamte Areal als Campus der Hochschule unter Berücksichtigung der Orientierung zum Nordhafen hin städtebaulich gestaltet.

Das Konzept beruht auf der Einheit von Arbeiten, Lernen und Lehren. Jedes Semester wird als autarke Einheit in einem Modul über drei Ebenen – Vorlesung/Modellbau und CAD/Arbeitsplätze – zusammengefasst und dort von Professoren betreut.

Diese Einheiten werden als zentrales Element in das Gebäude integriert und von den weiteren Nutzungen wie der Verwaltung und öffentlichen Bereichen umschlossen.

Die Struktur des Baukörpers mit seinen schmalen Lichtschächten, der komplexen Höhenentwicklung und den vertikalen Fenstergliederungen wird belassen und im Inneren entkernt. Die tragende Stahlskelettkonstruk-

*This is an architecture school in the historical context, embedded in a campus oriented towards the port at Nordhafen.*

*The concept of the unity of work, learning and teaching is translated into individual autarchic units that are housed in simple containers placed on the exposed steel-girder frame. They are all framed by further uses such as presentation areas, administration and the library.*

*You can read the newly inserted elements at the roof level. Here, the balustrades of the roof terrace rise above the existing roof edge, so revealing the new inner structure.*

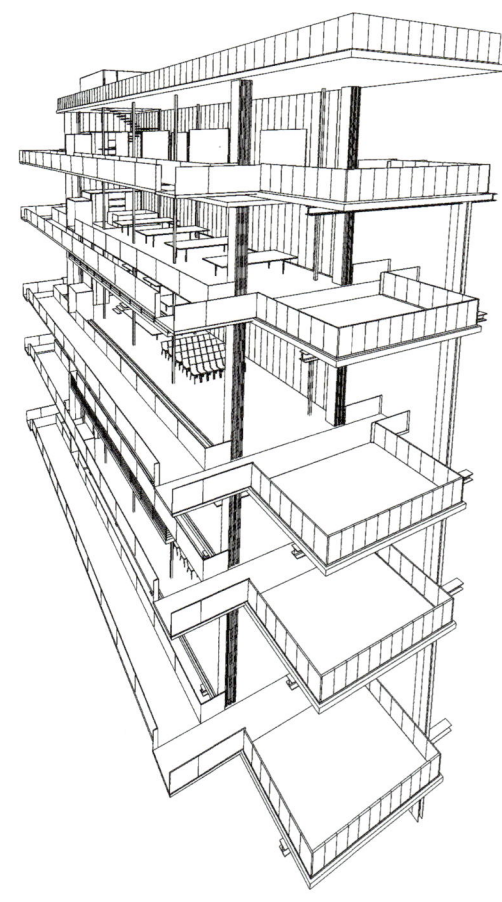

**Perspektive eines Ebenenblocks**
*Perspective from a level block*

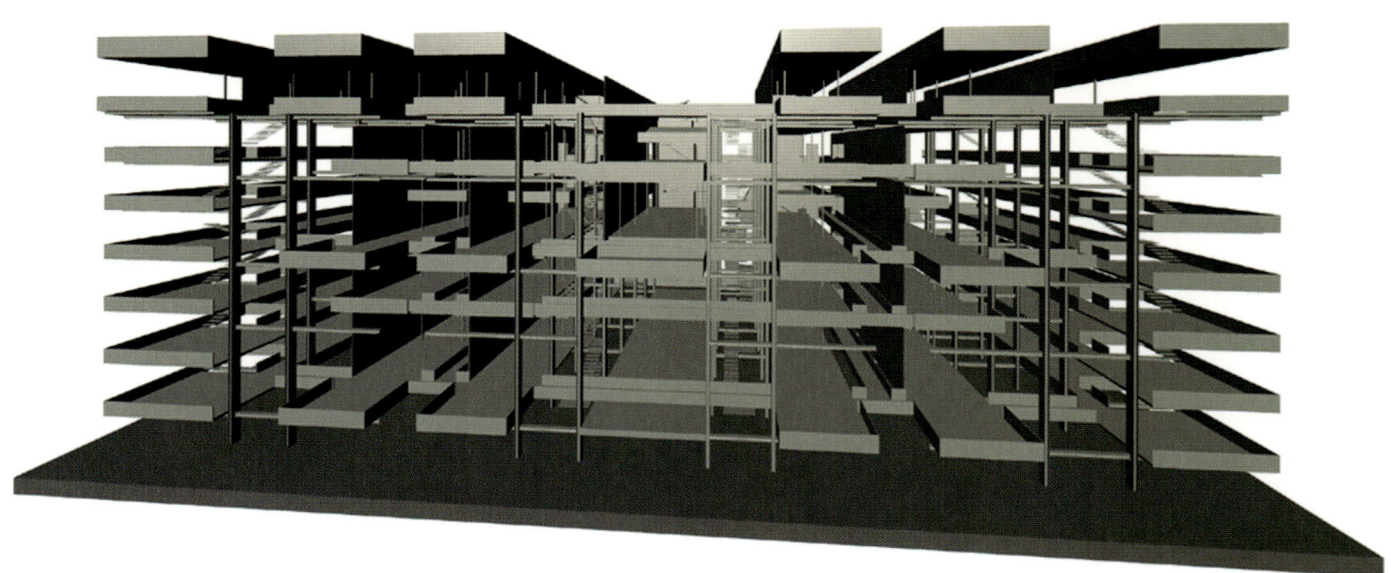

Perspektive Ebenenstruktur
*Perspective level structure*

■ Verwaltung/Bibliothek/Cafeteria   *Administration/library/cafeteria*
■ Semestereinheiten/Vorlesungen   *Semester units/lectures*
■ Eingangshalle/Hörsäle/Präsentation   *Entrance hall/lecture rooms/presentation*

Funktionsschema   *Function scheme*

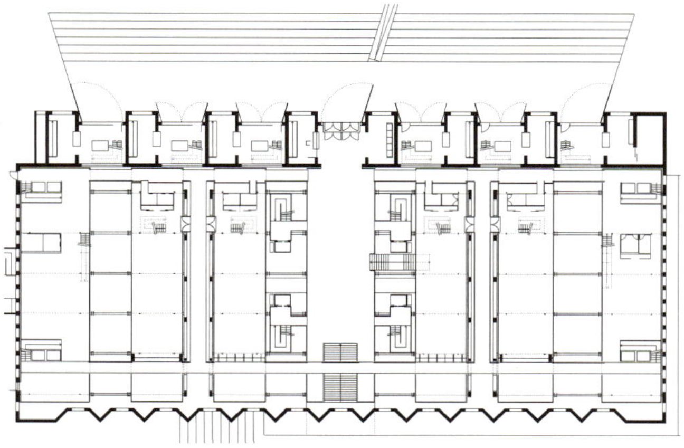

Grundriss Erdgeschoss
*Ground-floor plan: ground floor*

tion wird freigelegt und als Grundlage und Konstruktion des neu Eingefügten genutzt. Auf die verschiedenen Höhen des bestehenden Gerüsts werden Ebenen – „Container" – aufgesetzt, einzelne Raster werden bis in das Untergeschoss geöffnet und dienen als Lichthöfe.

Der öffentliche Bereich mit der zentralen Halle und den darüber liegenden Hörsälen wird über die gesamte Dachebene erweitert und bildet mit den dortigen Präsentationsflächen den oberen Abschluss des Gebäudes.

In den Stirnseiten sind zur Straße die Verwaltung, nach Südosten zur Panke CAD-Labore und Modellbauwerkstätten untergebracht.

Im Untergeschoss finden sich zur Straßenseite Technik- und Lagerflächen, zum Nordhafen und zur Panke hin wird der Keller freigelegt und eine Cafeteria sowie die Bibliothek angeordnet.

Die Transformatorbauten an der Eingangsfassade übernehmen im zentralen Bereich die Portierfunktion – markiert von den bestehenden Toren als große Öffnungsflügel. Zu beiden Seiten des Eingangs liegen hohe zweigeschossige Bars, Cafés und Läden.

Die Außengestaltung sieht einen großen zonierten Eingangsbereich vor, mit Bäumen von der angrenzenden Straße abgetrennt und auf das Gebäude konzentriert. Durch die Freilegung der Panke, die Abgrabung des Untergeschosses bis

 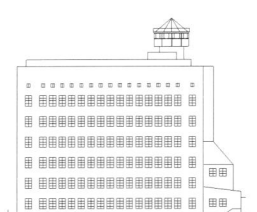 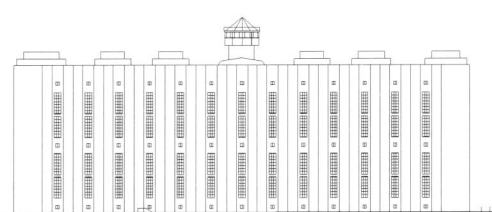

**Gebäudeansichten**
*Views of building*

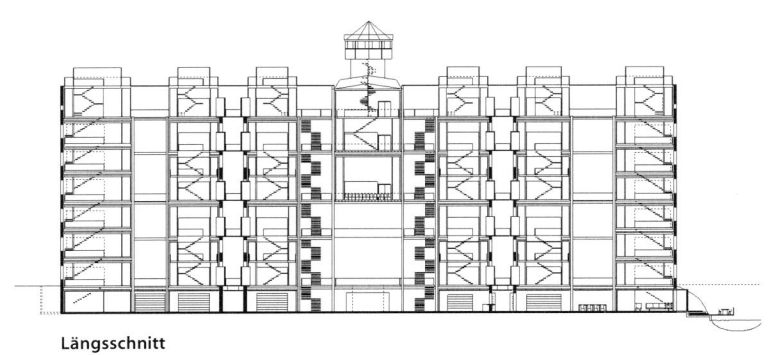

**Längsschnitt**
*Longitudinal section*

zum Nordhafen hin und die daraus resultierende Orientierung der Bibliothek und Cafeteria wird das gesamte Hafenareal in die Gestaltung des Campus einbezogen und das Gebäude neu in die Umgebung eingebettet.

Auch in der zentralen Eingangshalle des Gebäudes selbst ist eine Durchquerung und ein Abgang über eine Freitreppe vorgesehen, flankiert von den Lichthöfen, in welchen sich die Haupterschließung mit Aufzugs- und Treppenanlagen befindet.

Über diese gelangt man zu den Fluren an den Längsseiten des Gebäudes, die bereits hier von den einzelnen Semestereinheiten und den Lichthöfen strukturiert werden.

Alle acht Einheiten schmiegen sich an die Wände der schmalen Lichtschächte, über welche sie erschlossen werden.

Eine dieser Einheiten besteht aus zwei „Containern", die sich aus den Höhen des Stahlskeletts ergeben und intern über eine Zwischengalerie und einen durchgehenden Funktions- und Treppenblock verbunden sind.

Zur repräsentativen Südostfassade trennt der lange Erschließungsflur einen freien öffentlichen Präsentationsbereich ab, von welchem der komplette Baukörper im Innern erfahrbar wird.

Die an dieser Längsseite angebrachten Industrieglas-Lamellen öffnen die Einheiten zur Fassa-

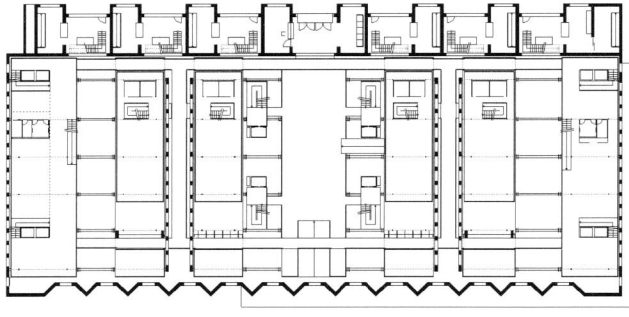

**Grundriss 1. Obergeschoss**
*Ground-floor plan: first floor*

**Grundriss Untergeschoss**
*Ground-floor plan: basement floor*

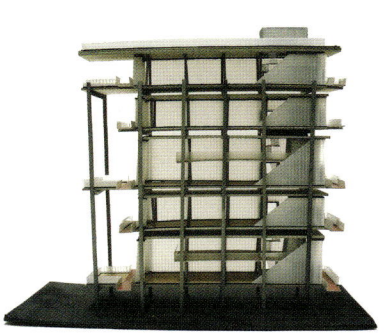

Modellschnitt
*Model section*

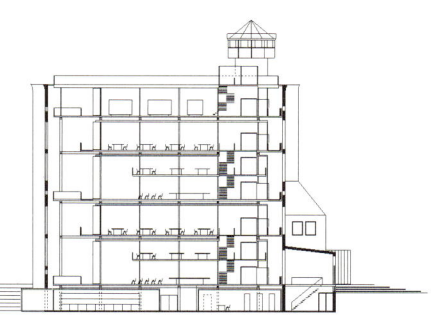

Querschnitt
*Cross section*

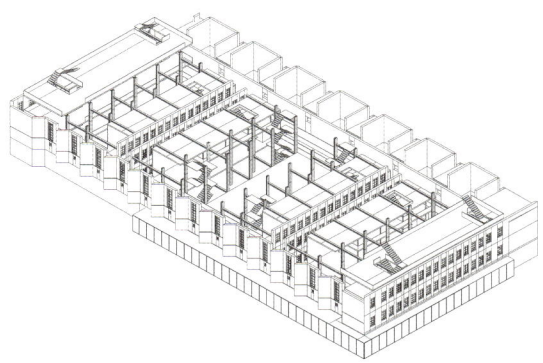

Isometrie 1. Obergeschoss
*Isometry first floor*

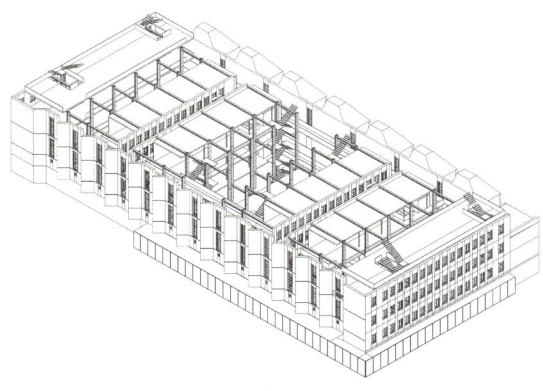

Isometrie 2. Obergeschoss
*Isometry second floor*

Modellansicht
*Model view*

de und stellen so eine starke Orientierung zum Nordhafen her. Verstärkt wird dies durch die Anordnung der einzelnen Funktionen innerhalb der Einheiten. Ein wesentliches Element des Gebäudes – die Ausrichtung des bestehenden Baukörpers von der reinen Funktionsfassade im Nordosten mit ihren Transformatorbauten und Schornsteinen hin zur repräsentativen Südwestfront als Gesicht zum Nordhafen – findet sich auch in den einzelnen Einheiten wieder.

Von der Eingangsfassade diffundieren die inneren Nutzungen über den Hauptverbindungssteg, den Funktionsblock im Innern der „Container" und die einzelnen Galerien und Ebenen bis hin zu den Plattformen an der Südfassade. So nehmen sie den historischen Ablauf von Funktion zu Repräsentation des Bauwerks wieder auf.

Außen ablesbar wird das neu Integrierte und dessen Struktur neben der Öffnung des Kellers einzig in der Dachebene, in welcher die Brüstungen der Dachterrassen über die bestehende Dachkante hinausragen und entsprechend illuminiert den Umgang mit der historischen Bausubstanz aufzeigen.

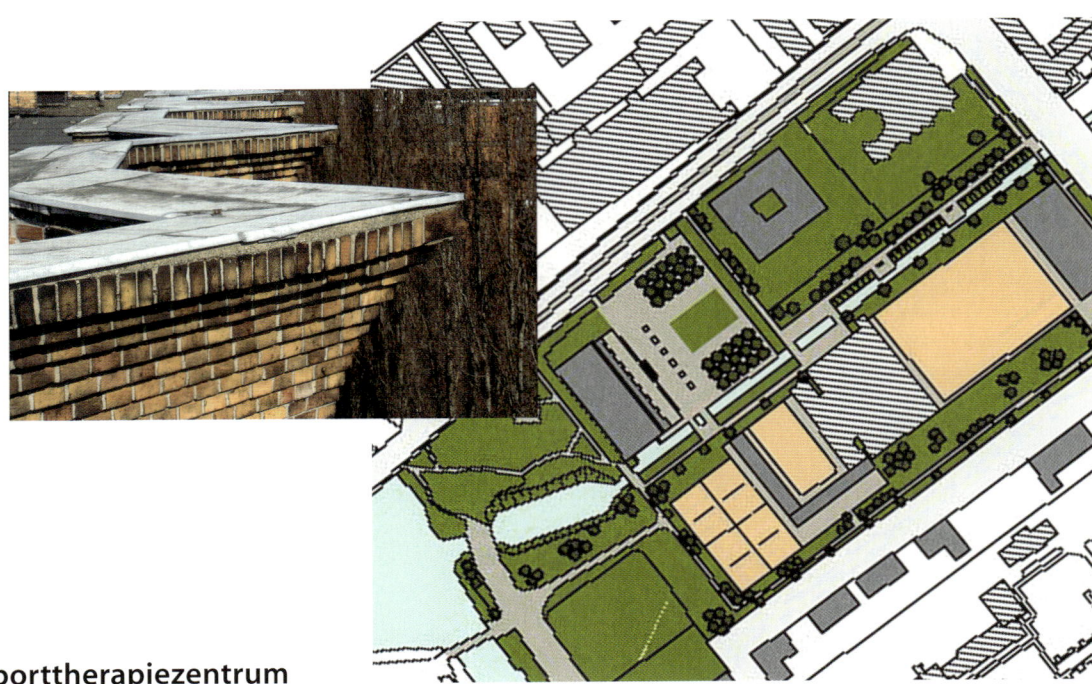

## Rehabilitations-/Sporttherapiezentrum
*Rehabilitation and Sport Therapy Centre*

Jana Schmidt
Evelyn Galsdorf

| Bruttogeschossfläche | *Gross storey area* | 19.136 m² |
|---|---|---|
| Nutzfläche | *Floor space* | 12.130 m² |

Das Abspannwerk Scharnhorst wird zu einem Rehabilitations- und Sporttherapiezentrum umgenutzt.

Dieses Zentrum dient zugleich als Informations- und Wissenschaftszentrum zum Thema Sport und Medizin.

Die Umplanung des Scharnhorster Umspannwerks umfasst neben der Umstrukturierung des Gebäudeinneren eine Neugestaltung der Außenanlage unter Einbeziehung der angrenzenden Panke.

Eine Aufwertung erfährt das Gebiet durch die Freilegung der Panke, die als Gestaltungselement bis an das Gebäude herangeführt wird und somit die im Inneren geplante Nutzung in Bezug auf das Wasser als Therapieelement unterstreicht.

Den Haupteingängen des Therapiezentrums wird ein Podest vorgelagert, welches sich über die gesamte Gebäudebreite erstreckt und von dem angrenzenden Café als Terrasse mitgenutzt wird.

*The central entrance hall divides the building into sections for sport therapy and for rehabilitation. The respective use sections are integrated into adapted boxes protruding right up to the foyer. The historic control room, the centre of the building, is converted into a meditation centre. The River Panke flowing by is uncovered, renatured and brought towards the building.*

**Schrägansicht Ost**
*View sideward east*

**Isometrie Ost**
*Isometry east*

Modellschnitt
*Model section*

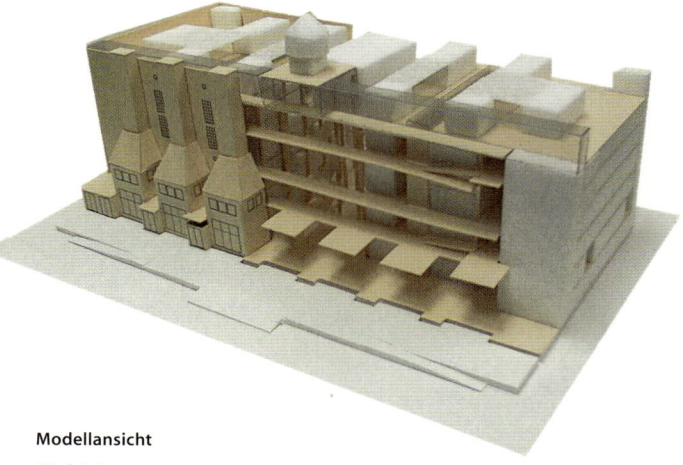

Modellansicht
*Model view*

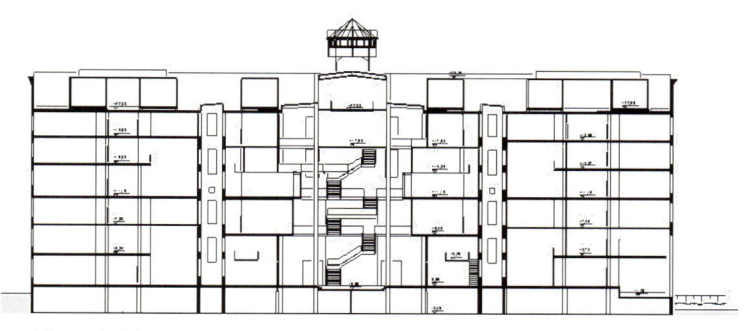

Längsschnitt
*Longitudinal section*

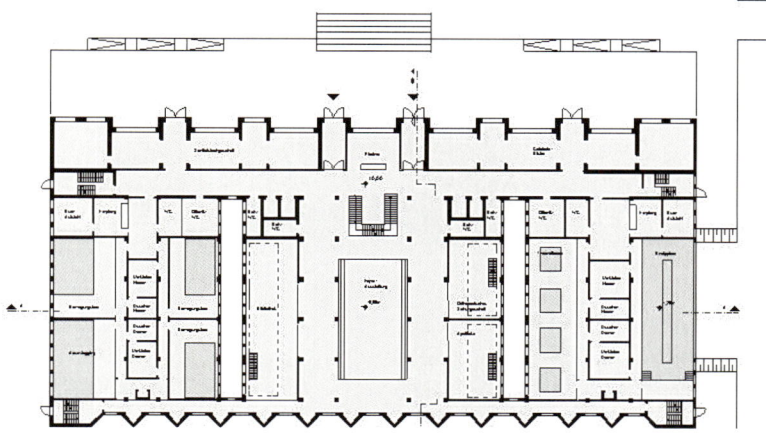

Grundriss Erdgeschoss
*Ground-floor plan: ground floor*

Die Tore der Trafohäuser werden durch großflächige Verglasungen, die die dreiteilige Gliederung der vorhandenen Fensterstruktur übernehmen, ersetzt.

Die großflächigen Schaufenster und Eingänge der Nordfassade sowie das Podest schaffen einen Übergang vom Außen- zum Innenraum.

Die Dächer der Trafohäuser werden in einer Stahl-Glas-Konstruktion ausgeführt. In der Fassade zur Panke werden die mittleren neun Erdgeschossfenster zu einer großen weiter heruntergezogenen Fensteröffnung zusammengefasst.

Die Park- und Straßenansichten bleiben in ihrer Erscheinung unverändert.

Das Gebäudeinnere hat unter Beibehaltung der charakteristischen Merkmale wie der Stahlskelettkonstruktion, den Lichthöfen, der Schaltwarte, den Trafohäusern, der Lichtwarte und den vier Ecktreppenhäusern einen spiegelsymmetrischen und dreiteiligen Aufbau.

Die Unterteilung erfolgt durch die Lichthöfe in zwei seitliche Rehabilitations- und Therapiebereiche und den mittleren Foyerbereich mit einer Mischnutzung.

Das öffentlich zugängliche Erdgeschoss erfährt durch die Ladenzone im Foyer eine zusätzliche Belebung und dient auch als Veranstaltungsort.

Die den Foyerbereich seitlich begrenzenden Rehabilitationsbereiche enthalten die therapeutischen Bäder und Massagezonen.

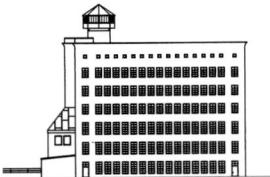 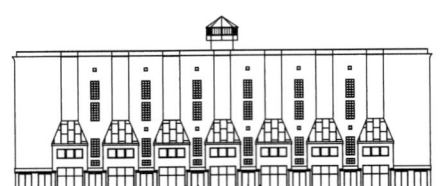 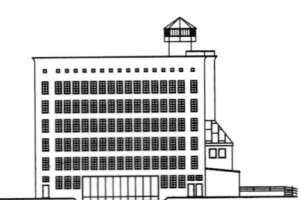 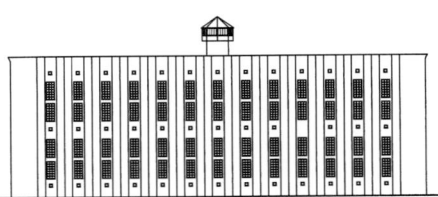

Gebäudeansichten
*Views of building*

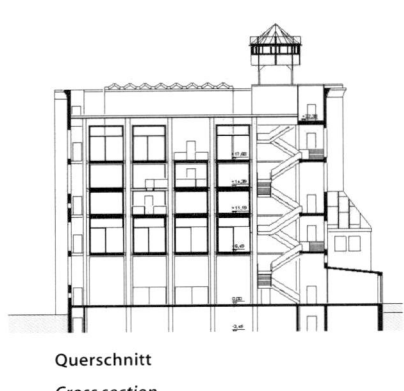

Querschnitt
*Cross section*

Die Erschließung der oberen Geschosse erfolgt entweder über den aus einer Stahl-Holz-Konstruktion errichteten Haupttreppenturm oder über die seitlichen Fahrstuhlschächte.

Das erste Obergeschoss ist die „Ärzte-Etage". Sie ist im Stil einer Gemeinschaftspraxis organisiert und aufgebaut. Je nach Behandlungsstrategie wird der Patient in eine der darüber liegenden Therapiezonen verwiesen und durchläuft dort seine individuellen Behandlungen.

Der introvertierte Raum der Schaltwarte, von dem zuvor die zentrale Verteilung ausging, wird zum funktionalen Ruhepol des gesamten Komplexes. Die Belichtung über die shedartigen Oberlichter wird in ihrer ursprünglichen Art belassen.

Weiterhin bleibt die Lichtwarte als markantes Merkmal auf dem Dach erhalten.

Die bestehenden Lichthöfe führen über Spiegeltechnik Tageslicht bis hinunter zu den untersten Geschossen.

Die Grundrisskomposition der Therapiebereiche, bestehend aus einem freistehenden Block mit seitlichen Raumfolgen sowie einem Sanitärblock, wiederholt sich in ähnlicher Weise in allen Geschossen.

Ein System aus einzelnen Kuben schließt die Geschosse zum Foyer hin ab. Durch die Vor- und Rücksprünge der unterschiedlich groß ausgebildeten Kuben erhält das Foyer eine interessante und lebendige Einfassung.

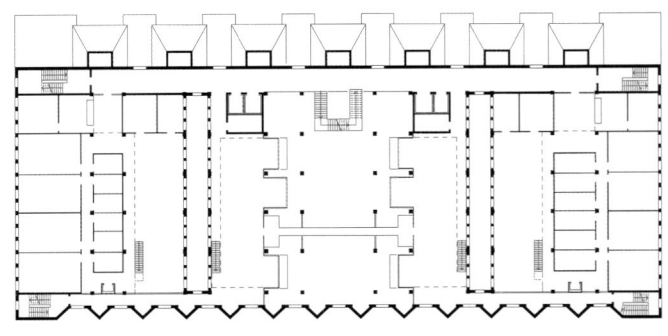

Grundriss 2. Obergeschoss
*Ground-floor plan: second floor*

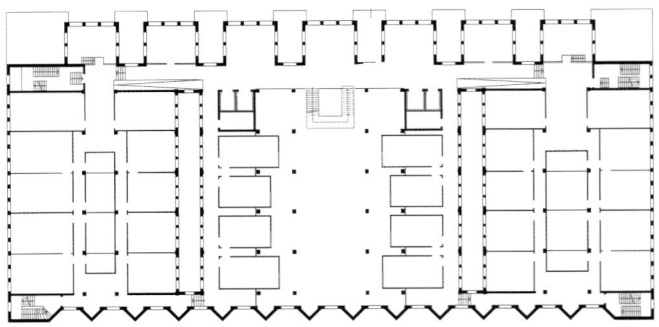

Grundriss 1. Obergeschoss
*Ground-floor plan: first floor*

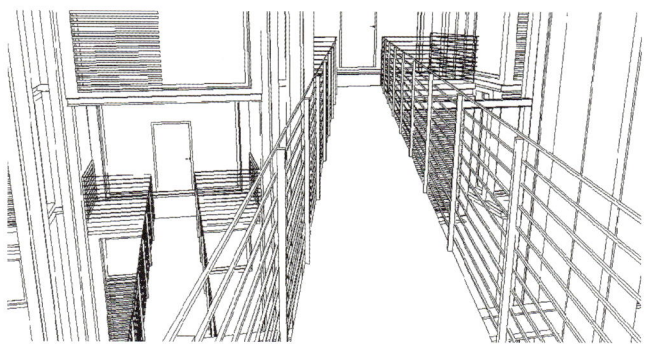
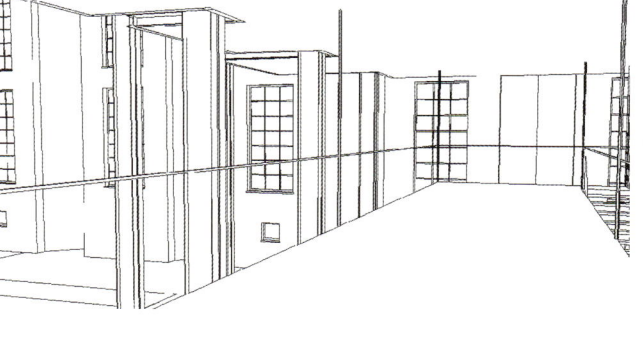

Stegverbindungen zu Einzelboxen
*Footbridge to the individual boxes*

Blick in die Eingangshalle
*View into entrance hall*

Eingangshalle
*Entrance hall*

Innenraum Einzelboxen
*Interior individual boxes*

Zwei Stege überbrücken das Foyer in unterschiedlichen Höhen und stellen eine schnelle und direkte Verbindung zwischen den beiden die Halle begrenzenden „Kubenfassaden" her.

Von balkonartigen Plattformen, die durch die unterschiedliche Lage der Kuben entstehen, werden dem Besucher Blicke in die weiträumige Halle ermöglicht. Weitere interessante Blickachsen ergeben sich aus den entstehenden Zwischenräumen.

Das Gesamtbild des Gebäudeinneren wird durch die Grundmaterialien Stahl, Beton, Holz und Glas geprägt und erhält durch deren Zusammenspiel die gewünschte Offenheit und Transparenz.

Die in warmen Farbtönen gehaltenen Räume in den Kuben sind an den der Halle zugewandten Stirnseiten zum Teil vollflächig verglast, um den größtmöglichen Tageslichteinfall über das Foyer zu gewähren. Bewegliche Holzlamellen sorgen für den nötigen Sichtschutz in den Behandlungsräumen.

Holz wird ebenso in Form großformatiger Platten an den Aufzugstürmen, an den Wänden der Warte und als Belag der Treppen und Stege eingesetzt. Der anthrazitfarbene Terrazzoboden verleiht dem Foyer eine repräsentative Wirkung.

Das ruhige Farb- und Materialkonzept des Zentrums integriert die neu eingefügte Rehabilitations- und Sporttherapienutzung bewusst im Gegensatz zu dem ursprünglich industriellen Charakter des Abspannwerks.

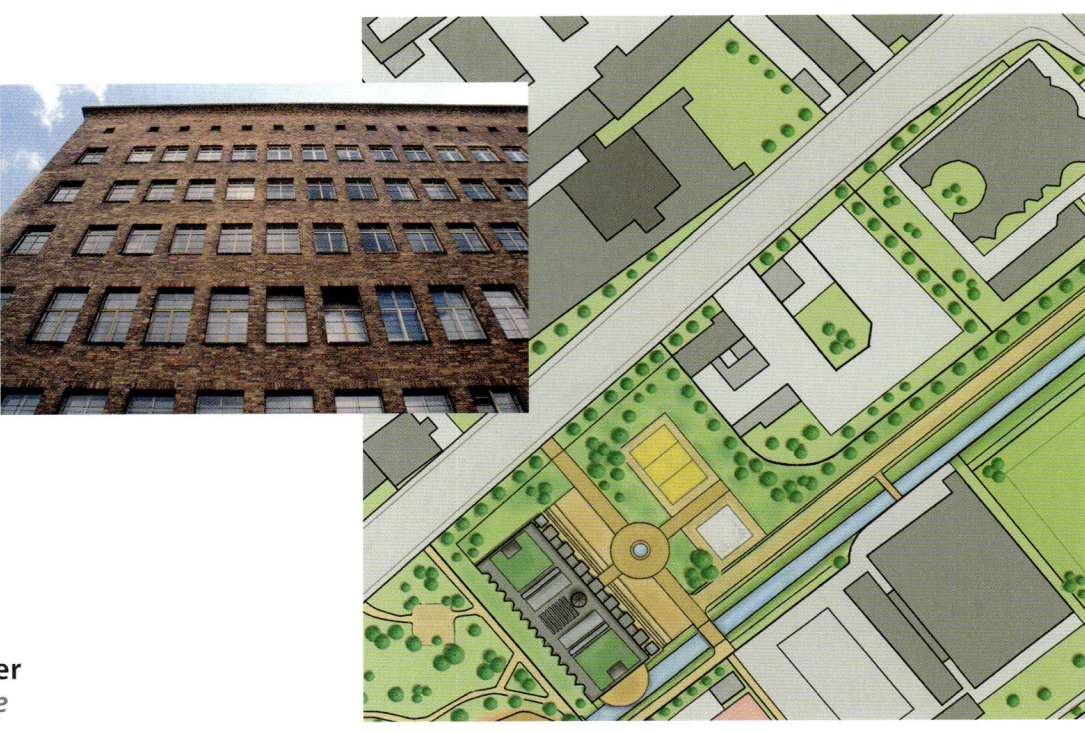

# Indoor Sports Center
*Indoor Sports Centre*

Jessica Schmidt
Stefan Gutmann

| Bruttogeschossfläche | *Gross storey area* | 19.136 m² |
|---|---|---|
| Nutzfläche | *Floor space* | 10.335 m² |

Eingebunden in das parallel entwickelte städtebauliche Konzept „Von Rehberge zum Tiergarten" (Das grüne Freizeitband) und als Fortführung einer Verwebung des gesamten Geländes zu einem Sport- und Freizeitareal wird das Abspannwerk in diesem Entwurf zu einem „Indoor Sports Center".

In direkter Nachbarschaft des Erika-Hess-Eisstadions und der Schering-Werke stellt es den zentralen Ort dieses Gebiets dar und bietet ergänzend zu den vorgesehenen umliegenden Nutzungen wie z. B. Beachvolleyballfeldern entlang der Chausseestraße oder Freiluftkletteranlagen im Humboldthain Platz für zahlreiche weitere Sportarten.

Ein großzügiges Öffnen der Innenräume unter Erhaltung der Gesamtstruktur des Gebäudes

*In the midst of an already-constructed sport area, diverse types of sport are inserted into the step-down station. The squash and badminton courts, climbing hall, fitness centre and gastronomy are grouped together through the opening of individual floors around a space-creating diving tower in the foyer. The individual sport types are opened up via galleries around the central entrance hall. Its entrance facade has two glass stair towers attached to it as supplements.*

**Schrägansicht Sellerstraße**
*Sideward Sellerstrasse*

**Schrägansicht Ost**
*View sideward east*

**Innenraumperspektiven**
Tauchturm – Blick vom Steg
Zentrale Eingangshalle
*Interior perspectives*
*Diving tower – view from footbridge*
*Central entrance hall*

**Querschnitt**
*Cross section*

**Längsschnitt**
*Longitudinal section*

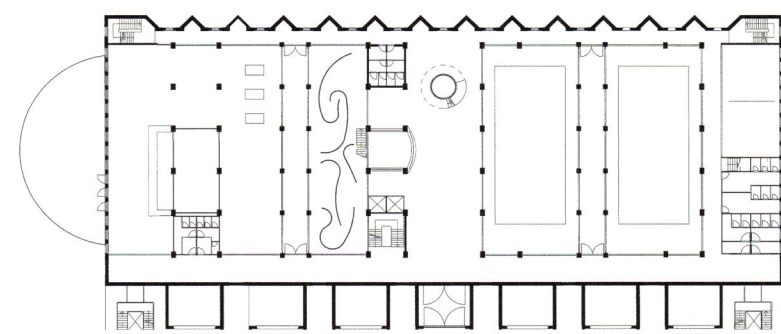

**Grundriss Erdgeschoss**
*Ground-floor plan: ground floor*

erlaubt eine Einbettung der diversen Sportarten und -einrichtungen in die komplexe Höhenentwicklung der einzelnen Voll- und Kabelgeschosse des Gebäudes.

In der zentral geöffneten Eingangshalle des Abspannwerks finden sich neben einer um einen raumbildenden Tauchturm gewendelten Erlebnistreppe Aufzüge und das Haupttreppenhaus, von dem sich die Erschließung über das Gebäude verteilt.

Ergänzend sind an den Außenfassaden zwei zusätzliche Treppenhäuser mit Aufzügen angebracht, die einzige außen ablesbare Veränderung des Gebäudes und in der Gestaltung ein Abbild des innen liegenden Tauchturmes.

Flexible Durchwegung über Stege und Galerien in den einzelnen Geschossen und über

Gebäudeansichten
*Views of building*

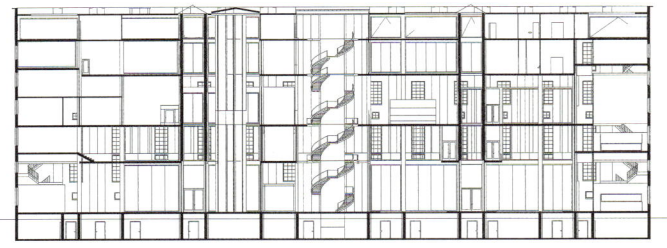

Längsschnitt
*Longitudinal section*

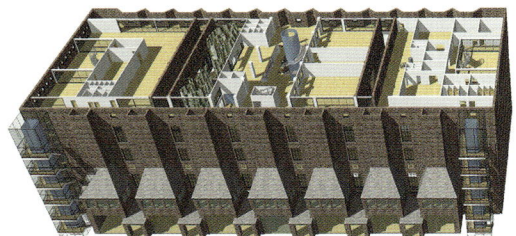 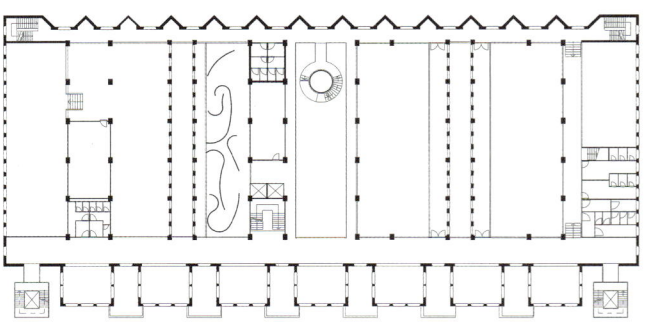

Perspektive 4. Obergeschoss
*Perspective: fourth floor*

Grundriss 2. Obergeschoss
*Ground-floor plan: second floor*

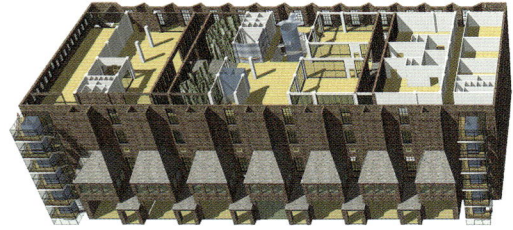 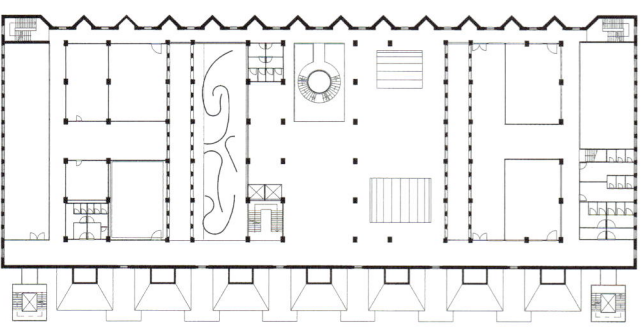

Perspektive 3. Obergeschoss
*Perspective: third floor*

Grundriss 1. Obergeschoss
*Ground-floor plan: first floor*

**Innenraumperspektiven**
Stegverbindungen über Lichthöfe
Eingangshalle mit Tauchturm
Angrenzende Kletterwand
*Interior perspectives*
*Footbridge links via air wells*
*Entrance hall with diving tower*
*Adjacent climbing wall*

Lufträume hinweg sowie großzügige Verglasungen in den Innenbereichen schaffen eine hohe Transparenz und bieten diverse Blickbeziehungen innerhalb des kubischen Baukörpers.

Während die beiden inneren Lichtschächte des Gebäudes als prägende Elemente des Abspannwerks belassen und erfahrbar bleiben, entstehen in Nebenachsen hohe Luft- und Lichträume, in denen unter anderem eine Kletterhalle integriert wird.

Weitere Sportarten wie Squash, Badminton, Skate-Boarding, Fitness, Tai Chi und Möglichkeiten der Entspannung mit Yoga und Massage sind gemäß ihren räumlichen Anforderungen über das Gebäude verteilt.

Im Erdgeschoss ist ein Café der jetzt offen gelegten Panke zugeordnet. Über die Panke kragt eine halbrunde Terrasse aus, die im Sommer für den Cafébetrieb genutzt wird.

Auf dem Dach des Gebäudes befinden sich der Außenbereich der im obersten Geschoss angesiedelten Sauna sowie ein Restaurant mit Blick über Mitte, Wedding und Tiergarten.

Nebennutzungen wie Toiletten oder Umkleiden sind einzelnen Funktionsbereichen zugeordnet und in Boxen in die Geschosse eingesetzt.

In die bestehende Struktur des Baukörpers werden so die Nutzungen kompakt und schlüssig integriert.

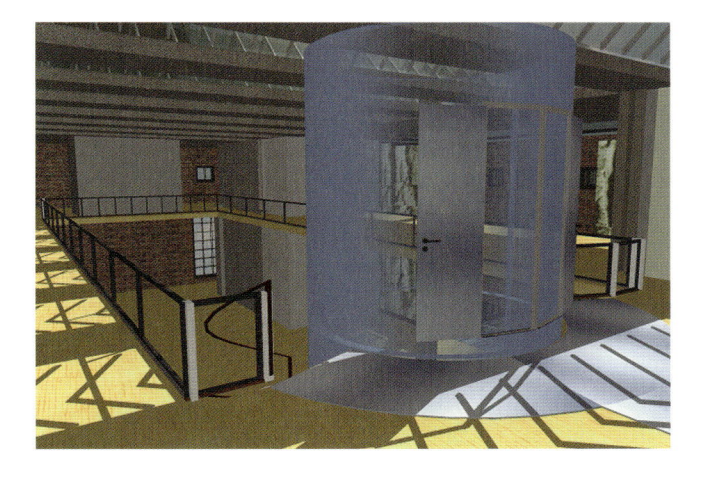

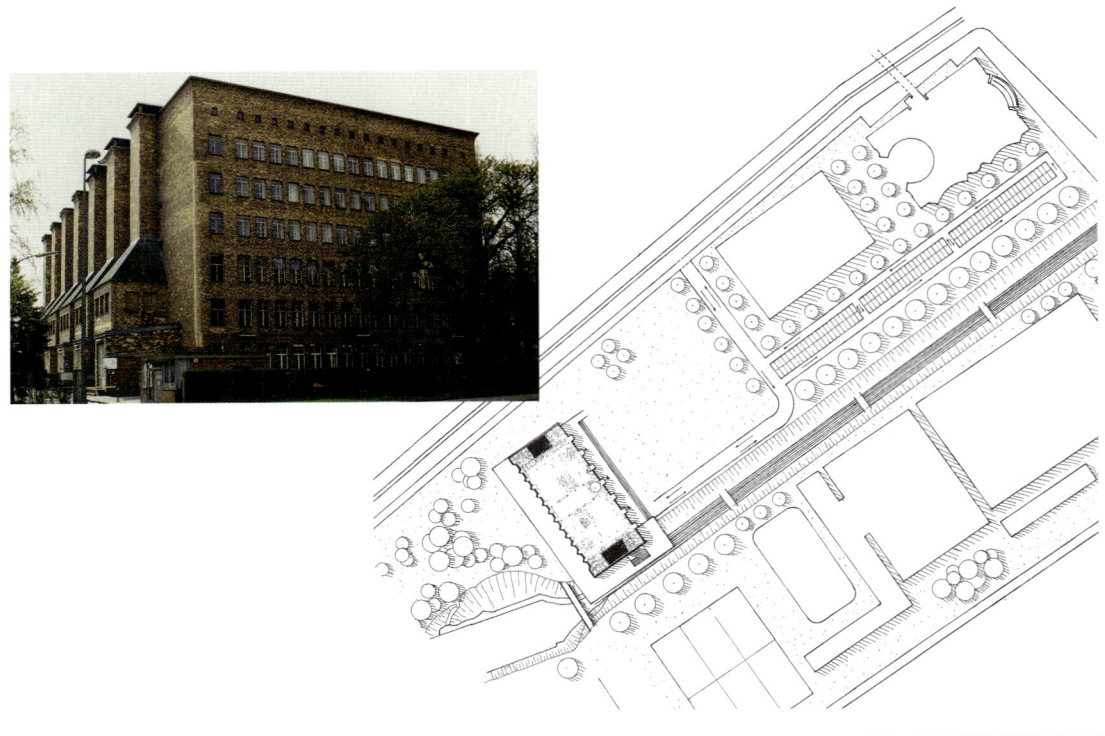

## Digital-Forum
*Digital Forum*

Catherine Ghardaoui
Sandra Rauter

| | | |
|---|---|---|
| Bruttogeschossfläche | *Gross storey area* | 19.136 m² |
| Nutzfläche | *Floor space* | 11.340 m² |

Das Abspannwerk Scharnhorst als Medienzentrum, als so genanntes „Digital-Forum", das den Umgang mit „Neuen Medien" und deren Techniken öffentlich und unkommerziell ermöglichen soll.

Der Schwerpunkt liegt hierbei in der Erstellung und Entwicklung eigener Projekte sowie deren Präsentation und Publikation via Internet und Printmedien.

Die bestimmende Grundfigur des Gebäudes ist das fünfgeschossige Atrium, in welches diagonal zwei Erschließungstürme eingestellt sind. Verbunden werden diese miteinander über einen gläsernen Steg.

Um dieses Foyer gruppieren sich die einzelnen Nutzungen. Den Erdgeschossbereich durchzieht eine offene Gastronomie- und Ausstellungsfläche, die sich bis in die Trafoanbauten an der Eingangsseite erstreckt.

Zu beiden Seiten des Foyers befinden sich in den ersten drei Obergeschossen die Mediathek, Hör- und Konferenzsäle, Ausstellungs- und Verkaufsräume, Forschungseinrichtungen, ein Kino.

*A public and non-commercial media centre for creating, presenting and publishing own projects via the Internet and print media.*

*Ateliers, cinemas, an Internet cafe, a mediathek and other features are distributed at varying heights throughout the floors and galleries.*

*The main entrance is inserted centrally as a free element in the main body. It consists of two towers for the staircase and lift that are linked via a footbridge.*

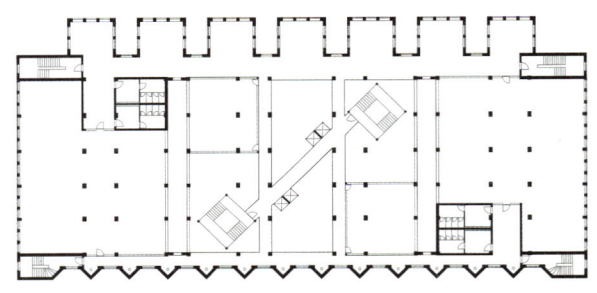

**Grundriss 1. Obergeschoss**
*Ground-floor plan: first floor*

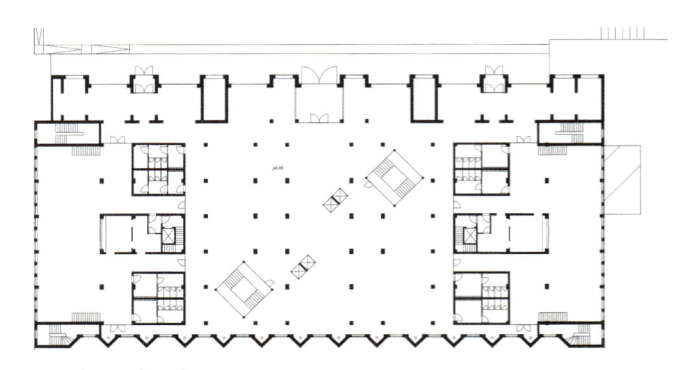

**Grundriss Erdgeschoss**
*Ground-floor plan: ground floor*

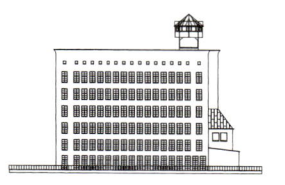

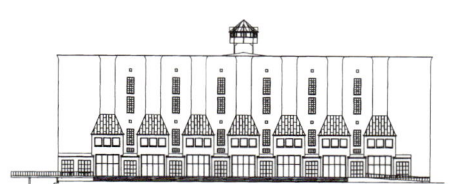

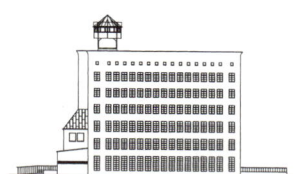

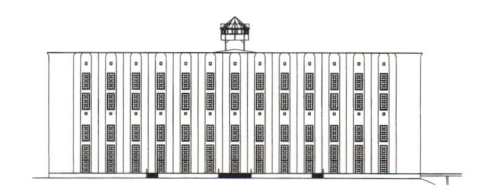

Gebäudeansichten
*Views of building*

Modell
*Model view*

Längsschnitt
*Longitudinal section*

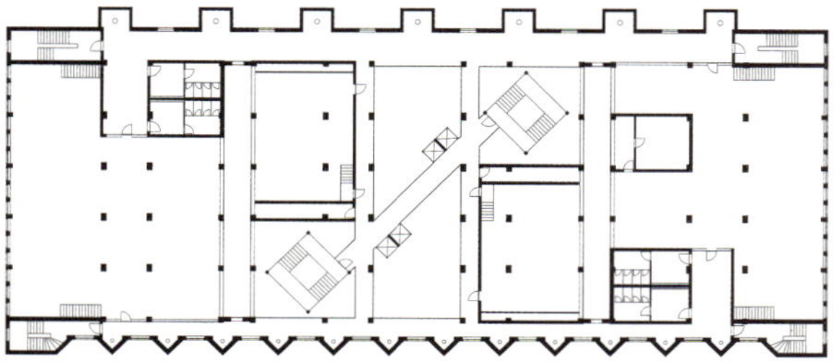

Grundriss 2. Obergeschoss
*Ground-floor plan: second floor*

Die jeweiligen Verwaltungseinrichtungen liegen den Nutzungen zugeordnet an den Stirnseiten des Gebäudes.

Im vierten Geschoss, dem Ateliergeschoss, sind Arbeitsräume und Studios für Grafiker und Designer vorgesehen.

Die historische Lichtwarte auf dem Dach bleibt als Aussichtspunkt erhalten.

Als Gegensatz zu der digitalen Medienwelt ist im Untergeschoss eine Bronzegießerei angesiedelt, die den Kontrast der sich verändernden Arbeitswelt verdeutlicht.

Der Struktur des Gebäudes folgend werden im Entwurf klare Formen verwendet, die ein Lichtkonzept in Szene setzen sollen.

Den Anforderungen der einzelnen Funktionen entsprechend werden Glas, Stahl und Holz als Hauptmaterialien eingesetzt. So findet Glas in den verschiedensten Ausführungen Verwendung, wie beispielsweise emaillierte Glasplatten in den Brüstungsbereichen der Galerien.

Das „Digital-Forum" stellt eine Schnittstelle dar zwischen Hochschule, Wirtschaft und Öffentlichkeit.

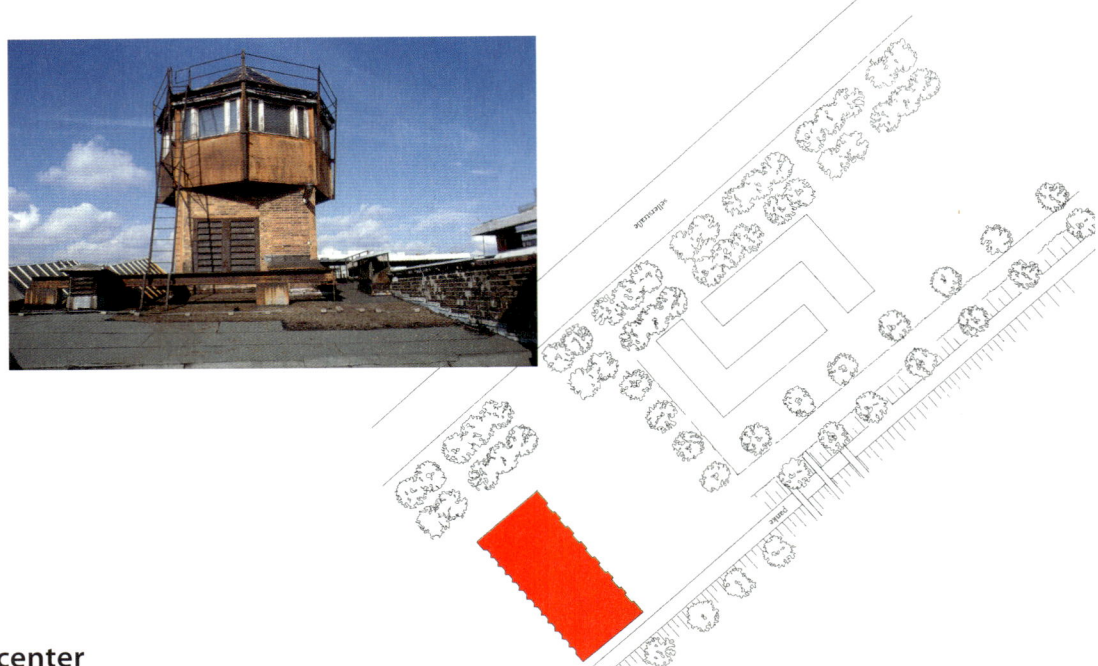

## Kino- und Erlebniscenter
*Cinema and Event Centre*

Steffi Schulze

| Bruttogeschossfläche | Gross storey area | 19.136 m² |
|---|---|---|
| Nutzfläche | Floor space | 9.560 m² |

In das Abspannwerk wird ein Kino- und Erlebniscenter integriert.

Das Gebäude wird für die erforderlichen Höhen und Proportionen beinahe vollständig entkernt, einzig die Lichtwarte im Zentrum des Gebäudes, die Lichtschächte und die Treppenhäuser in den Ecken des Kubus bleiben bestehen.

Die Nordostfassade wird über eine Verglasung der ehemaligen Trafobauten zur Eingangsfassade ausgebildet, bleibt ansonsten jedoch unberührt.

Über eine große Freitreppe und seitliche Rampen gelangt man zentral in das Foyer, erfährt hier durch die Entkernung gleichzeitig auch den gesamten Erdgeschossbereich als großen freien Raum.

Eine Ausstellungsfläche durchzieht das gesamte Erdgeschoss. Diese wird gegliedert durch den Empfang, die Snack-Bar des Kinos sowie die seitlichen Treppen- und Aufzugsanlagen. Zudem bietet sie dem Restaurant eine Terrassenfläche.

Sämtliche eingefügten Nutzungen sind in Kuben untergebracht und den einzelnen Bereichen zugeordnet.

*The building's core is completely removed in the process of transforming it into a cinema and event centre. The cinema halls are put in as large boxes.*

*The ground floor is divided freely, is used as an exhibition space and binds the main entrance. Further leisure amenities such as a film museum and multimedia cafes are housed on the gable-end of the building.*

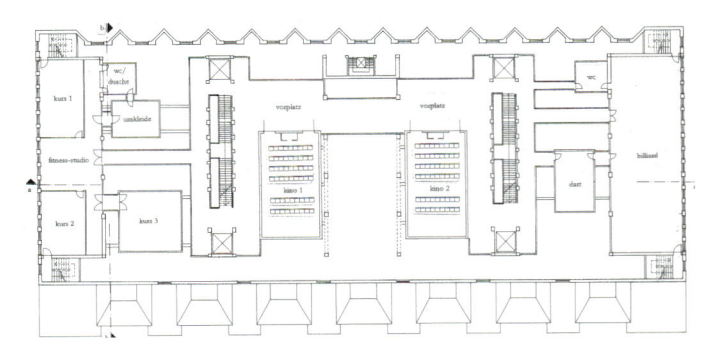

**Grundriss 1. Obergeschoss**
*Ground-floor plan: first floor*

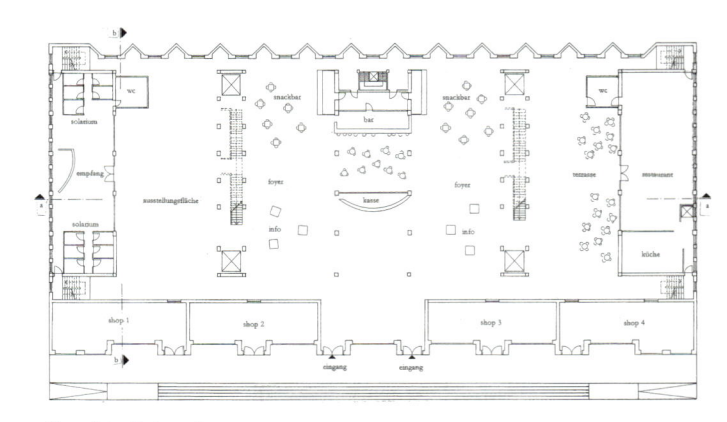

**Grundriss Erdgeschoss**
*Ground-floor plan: ground floor*

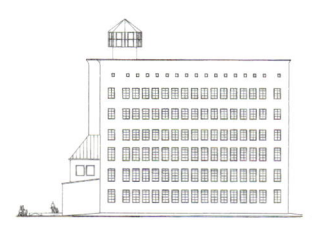

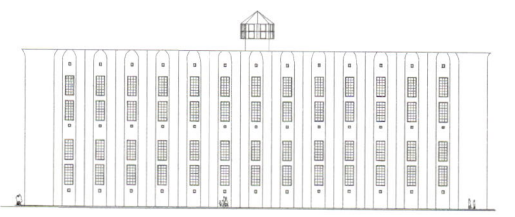

Gebäudeansichten

*Views of building*

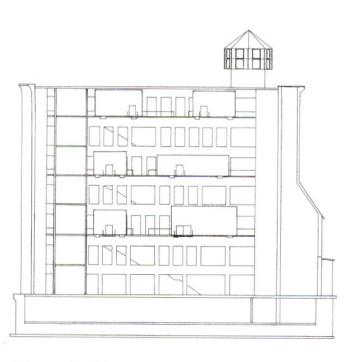

Querschnitt

*Cross section*

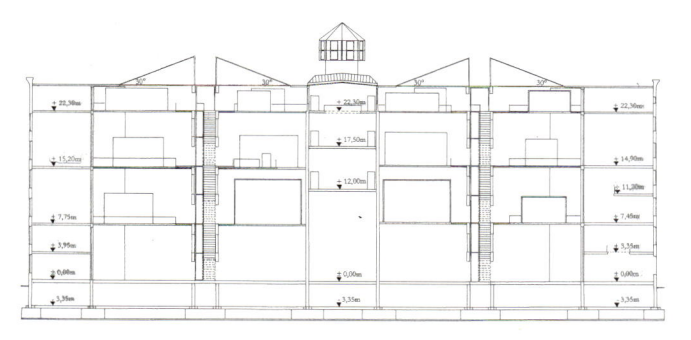

Modellansichten

*Model views*

Längsschnitt

*Longitudinal section*

Im mittleren Teil des Gebäudes befindet sich der Kinobereich mit Filmboxen und -museum.

An den Stirnseiten des Gebäudes werden zur Straßenseite hin ein Fitnessstudio, zur Panke ein Race-Center und ein Internet-Café untergebracht. Dort werden Böden entfernt und hohe Lufträume und Galerien geschaffen, die den jeweiligen Anforderungen Rechnung tragen.

Die Materialien – Ziegel, Beton, Glas, Stahl – prägen den Charakter des Gebäudes. Während für Aufzüge, Treppen und Stege Glas und Stahl eingesetzt werden, sind die massiven Kuben aus Sichtbeton, die Böden in den Kuben aus hell polierten Betonplatten und in den Flurbereichen aus dunklem Estrich.

Durch die offenen Geschossdecken und die leichten Verbindungen über Stege und Galerien wird der Baukörper als ganzes erfahrbar und lichtdurchflutet.

## UNI Sportzentrum Berlin
*UNI Sport Centre Berlin*

Nicole Schmude
Jana Wollschläger

| Bruttogeschossfläche | *Gross storey area* | 19.136 m² |
|---|---|---|
| Nutzfläche | *Floor space* | 11.960 m² |

Auf der Basis einer Standort- und Marktanalyse des gesamten Areals entlang des Berlin-Spandauer Schifffahrtskanals entwickelte sich das Vorhaben, das Abspannwerk zu einem allgemeinen Sportzentrum umzuplanen.

In den großzügig gestalteten Außenanlagen sind Sportarten wie Beachvolleyball, Free-Climbing und Skating vorgesehen.

Der Haupteingang befindet sich in der Nordostfassade, flankiert von den ehemaligen Trafobauten, in denen sich Cafés und Läden befinden.

Die Fassaden bleiben in ihrer einfachen Struktur erhalten, lediglich an der Südwestfassade werden aus den einzelnen Fenstern Lichtbänder gebildet, welche die vertikale Wirkung betonen und das Licht tief ins Innere leiten.

Im Gebäude findet sich eine einfache und direkte Gliederung wieder. Das Foyer dient als Haupterschließungsraum, von dem sich die Wege ins Gebäude verteilen. An den Längsseiten des Foyers liegen die Empfangsbereiche der einzelnen Sportnutzungen.

*The step-down station is transformed into a sport centre, surrounded by sports facilities arranged in the outside areas. Inside, the sport areas are oriented towards the air wells and will be entered via the central entrance hall. Parts of the floors can be removed to take account of the different height requirements of the different sport types. The existing low cable floors have been transformed into side rooms.*

Grundriss 1. Obergeschoss
*Ground-floor plan: first floor*

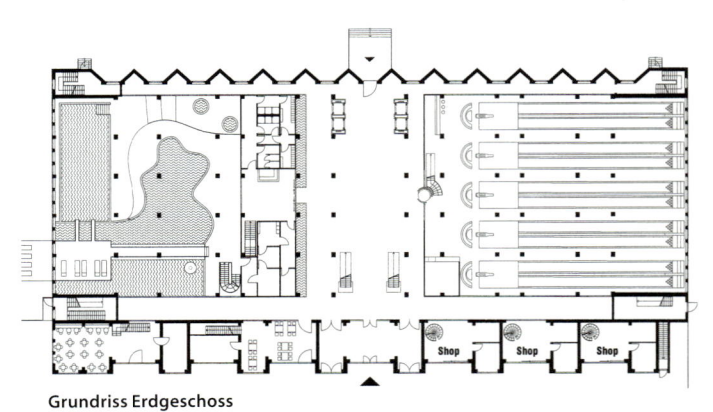

Grundriss Erdgeschoss
*Ground-floor plan: ground floor*

Gebäudeansichten
*Views of building*

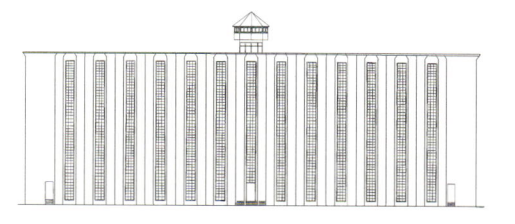

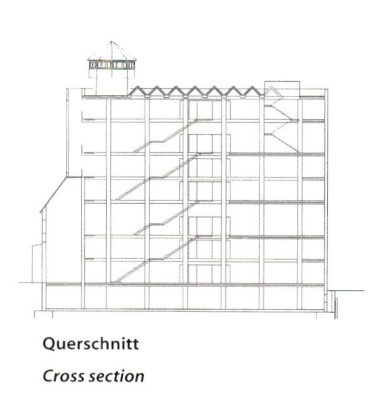

Querschnitt
*Cross section*

Modellansicht
*Model view*

Längsschnitt
*Longitudinal section*

Angegliedert an die vorhandenen Lichthöfe sind die offenen Sportbereiche für Badminton, Squash, Fitness, Schwimmbad etc. Die bestehenden niedrigeren Räume im Bereich der Kabelgeschosse nehmen Sanitäranlagen, Massage, Rückenschule etc. auf.

Im Foyer werden das vorhandene Tragwerk und das Ziegelmauerwerk sichtbar gelassen.

Eine lebhafte Atmosphäre entsteht durch die Illumination des Restaurants in den balkonartigen Vorbauten rund um die Eingangshalle. Verstärkt wird diese Wirkung durch gläserne Treppentürme und Aufzüge.

Über der mehrgeschossigen Eingangshalle befindet sich die historische Lichtwarte. Deren Sheddächer bleiben erhalten und bieten ideale Lichtverhältnisse für den an dieser Stelle vorgesehenen Ausstellungsraum, der die Entwicklung des Abspannwerks über die Jahrzehnte hinweg dokumentiert.

Innenraumperspektiven
Tanzsaal
Erholungsbad

*Interior perspectives*
*Dance hall*
*Recreational bath*

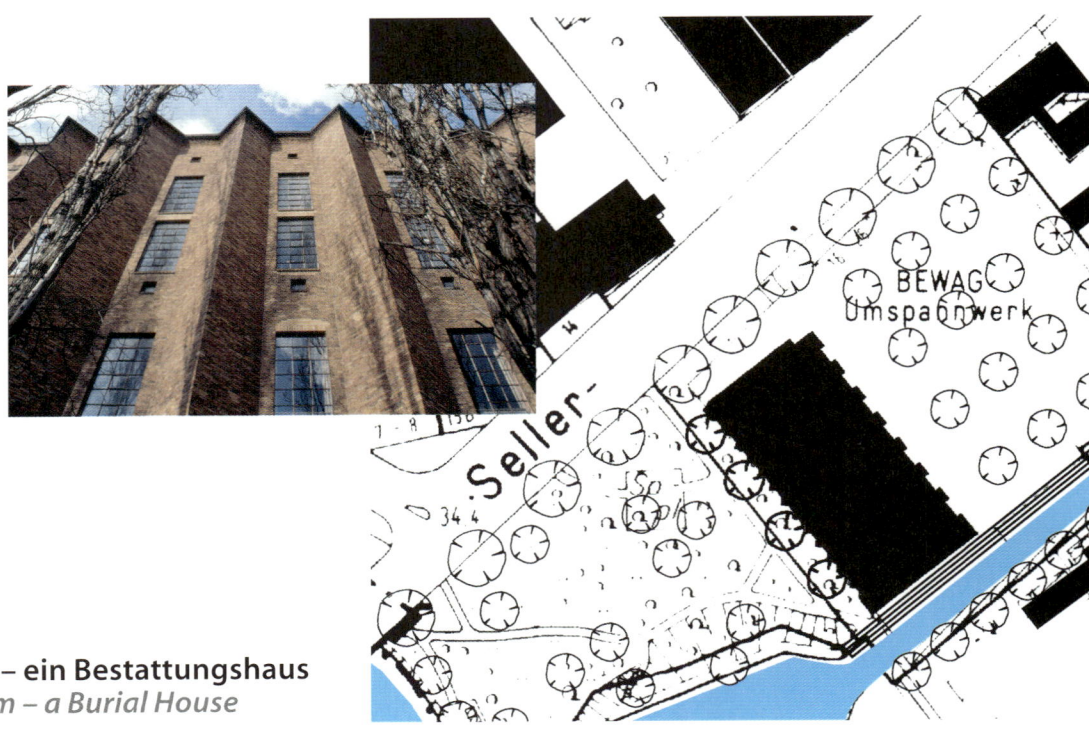

## Das Jenseitsforum – ein Bestattungshaus
*The Hereafter Forum – a Burial House*

Klaus Konietzko
Karla Müller

| | | |
|---|---|---|
| Bruttogeschossfläche | *Gross storey area* | 19.136 m² |
| Nutzfläche | *Floor space* | 12.140 m² |

Das Abspannwerk Scharnhorst als Ruhepol in der pulsierenden Mitte Berlins, ein Ort der Besinnung, ein Bestattungshaus.

Die sakral anmutende Fassade des Gebäudes, die dunklen, stillen Räume und die ehemalige Nutzung des Gebäudes – das Umwandeln von elektrischer Energie – waren maßgebend für das Konzept eines „Jenseitsforums".

Damit soll das Thema Tod und Bestattung wieder in die Mitte des Bewusstseins der Menschen gerufen, die Auseinandersetzung damit neu definiert und der gesellschaftlichen Entwicklung angepasst werden.

Der Zugang zum Grundstück ist an das nördliche Ende versetzt, um beim Betreten desselben das ganze Gebäude in seiner Größe und Monumentalität erfassen zu können.

Die kleinen Zusatzgebäude werden entfernt und der Platz vor der Eingangsfassade geöffnet. Die Fläche wird mit Kies bedeckt und mit Bäu-

*A burial house as a place of tranquillity in the centre of Berlin. Paths lead from the quiet central hall to the virtual tombs as a place of consciousness and to the burial plains on both sides of the public core. In these, the exterior room is left in the building. Open weathered zones then develop as a contrast to the closed administration and atelier rooms at the gable.*

Straßenansicht
*Street scene*

Schrägansicht Südwest
*Sideward southwest*

Modellansicht
*Model view*

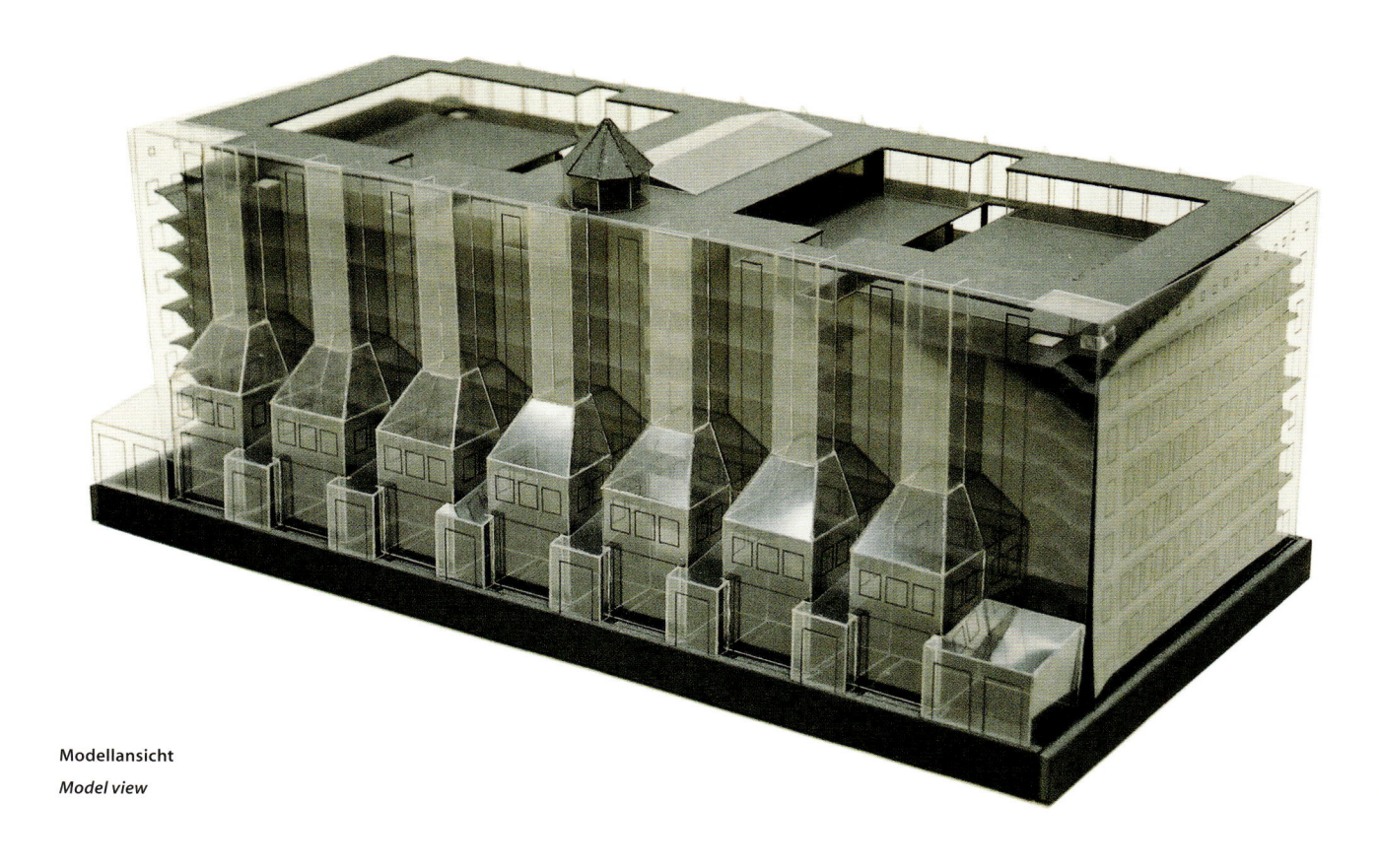

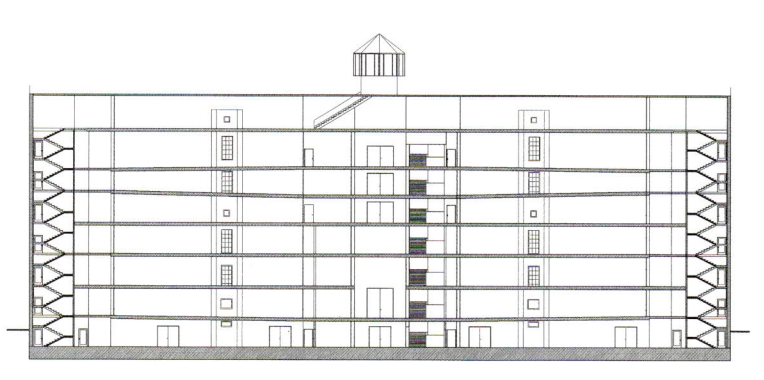

Längsschnitt
*Longitudinal section*

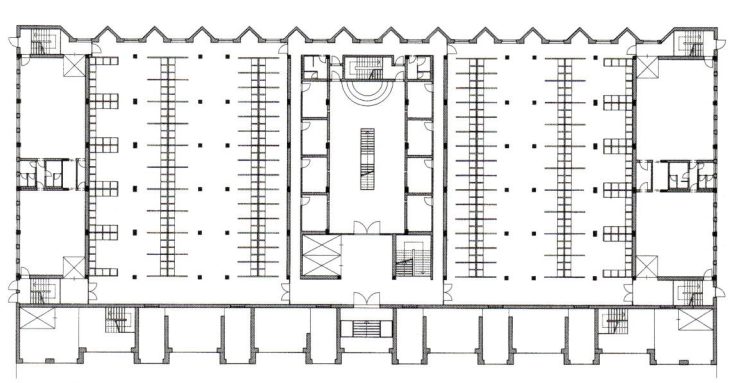

Grundriss Erdgeschoss
*Ground-floor plan: ground floor*

men in einem quadratischen Raster bepflanzt. Dadurch bleibt die Durchwegung offen.

Gleichzeitig wird die bislang überdeckte Panke wieder geöffnet und durch Abtreppungen zugänglich gemacht. Der Park vor der Südwestfassade wird mit in die Außengestaltung eingebunden und das Gebäude somit eingefasst.

Der Haupteingang befindet sich im mittleren Teil der Nordostfassade. Von dort gelangt man in das bewusst klein gehaltene Foyer, das nicht Aufenthaltsort sein soll, sondern Ausgangspunkt.

Zu beiden Seiten des Foyers erstrecken sich die langen Flure, die lediglich durch Glastüren vom Gebäudekern getrennt sind.

Geradeaus fällt der Blick auf das Portal des „Raumes der Stille", ein sakral wirkender Saal, der durch Lichtinstallationen gestaltet wird und immer wieder seinen Charakter ändert.

Eine ins Nichts führende Freitreppe an der hinteren Wand lädt ein zum Verweilen und Erleben des Raumes. Eine Bodenöffnung in der Mitte des Raumes stellt die Verbindung zu der darunter liegenden „Virtuellen Gruft" her.

Hier können allgemeine Informationen wie Lebensdaten der hier Bestatteten sowie Bild und Ort der Ruhestätte im Gebäude eingesehen werden. Sie ist der eigentliche Mittelpunkt des Gebäudes und ermöglicht einen „virtuellen" Gang durch das Bestattungshaus.

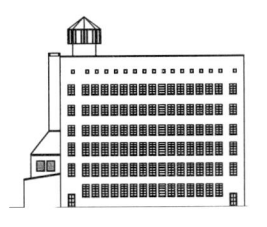

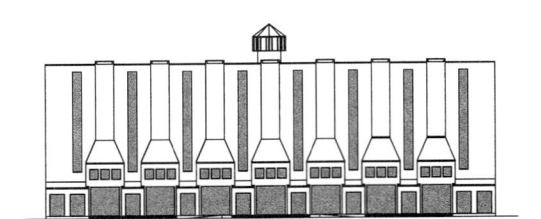

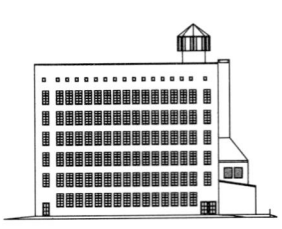

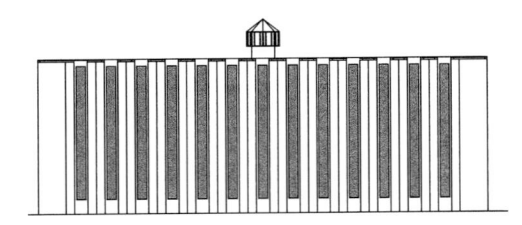

**Gebäudeansichten**
*Views of building*

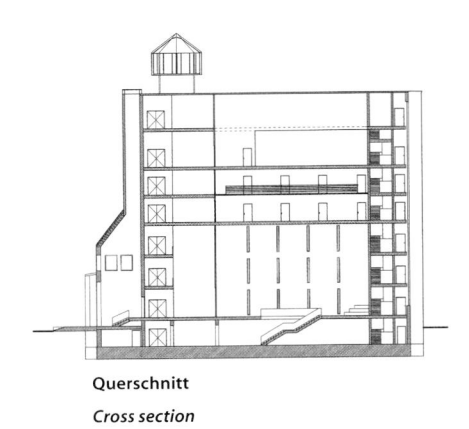

**Querschnitt**
*Cross section*

Nahestehende können sich in den kleinen, privaten Andachtsboxen zu beiden Seiten des „Raumes der Stille" mehr über ihre Angehörigen oder Freunde ansehen, wie Biografien, Bilder, Videos oder Briefe. Diese Räume sind über lange, schmale Fenster mit dem „Raum der Stille" verbunden.

Lichtreflexionen erscheinen in den Andachtsboxen, umgekehrt schimmert das Licht der Bildschirme in die Halle, und der Besucher im „Raum der Stille" weiß um die Anwesenden.

Nach dem „virtuellen" Besuch kann man nun den „physischen" Kontakt mit dem Verstorbenen aufnehmen und die Ruhestätte besuchen.

Die Bestattungsräume sind klimatisch von den anderen Bereichen getrennt. Die bestehenden Decken werden entfernt bzw. durch begehbare Gitterroste ersetzt.

So wird der Bezug zum Außenraum hergestellt und bewitterter Freiraum in das Gebäude geholt. Die Bedrängnis kleiner Räume löst sich auf – der gesamte Baukörper wird nun erfahrbar als Zufluchtsort gegenüber der Stadt.

Für den Wetterschutz sorgt eine mobile Membran, die über dem Dachgeschoss ausgefahren werden kann.

Die Lichthöfe als prägende Elemente des Gebäudes bleiben in ihrer Struktur erhalten. Zu ihnen orientiert sind nun die unterschiedlichen Anordnungen der Urnenregale. So entstehen kleinere, private Bereiche

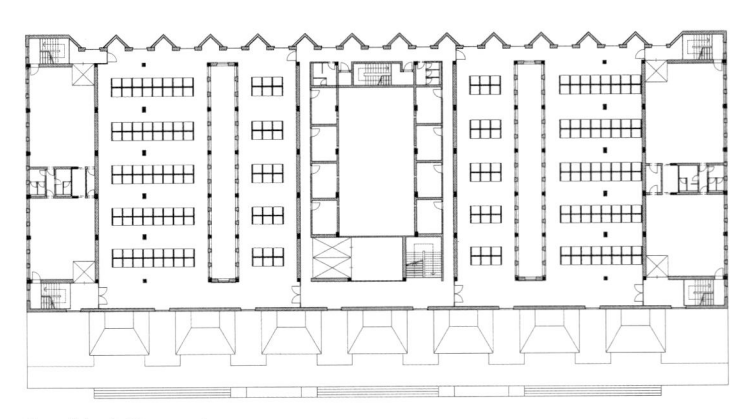

**Grundriss 1. Obergeschoss**
*Ground-floor plan: first floor*

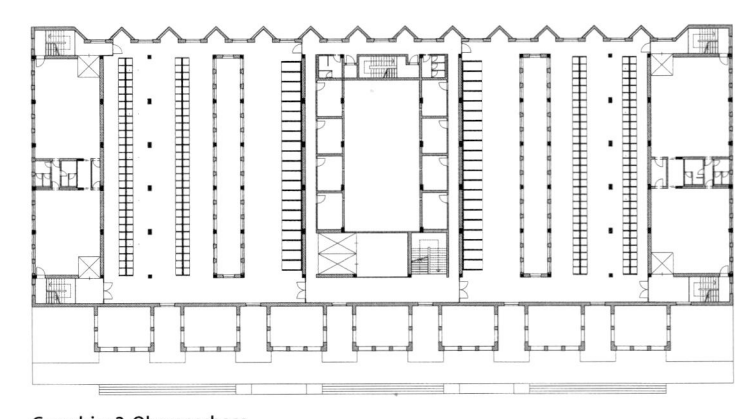

**Grundriss 2. Obergeschoss**
*Ground-floor plan: second floor*

**Modellansicht**
*Model view*

**Visualisierung**
Virtuelle Gruft
Raum der Stille
Urnenbereich
Büro
Ausstellung
*Visualization*
*Virtual tomb*
*Room of tranquillity*
*Urn area*
*Office*
*Exhibition*

neben langgestreckten Urnenwänden, die die ganze Größe der Räume erfahrbar machen. Dadurch werden die verschiedenen Belichtungen und Raumeindrücke erlebbar.

Das Dachgeschoss wird als Galerie genutzt. Hier werden Ausstellungen zum Thema Bestattungskultur und sakrale Kunst gezeigt.

Im Nord- und Südflügel des Gebäudes befinden sich die Dienstleistungszentren.

An der Stirnseite des Gebäudes in Richtung Sellerstraße liegen die Verwaltung und Informationszentren, zur Panke hin gibt es diverse Werkstätten für Sarg- und Urnendesign, Fotolabore etc.

Vom meditativen Sammlungsraum unter der ehemaligen Schaltwarte gehen kleinere Aufbahrungsräume ab. Diese Räume sind ebenfalls unterschiedlich gestaltbar.

In dem darüber liegenden, durch das Glas-Sheddach lichtdurchfluteten Abschiedsraum finden die Trauerfeiern statt. Der Abschiedsraum kann durch bewegliche Trennwände je nach Größe der Trauergemeinde individuell vergrößert oder verkleinert werden.

Auf dem Dach befindet sich als Abschluss des Gebäudes ein klösterlichen Strukturen nachempfundener Umgang, der über den Dächern Berlins zum Reflektieren einlädt.

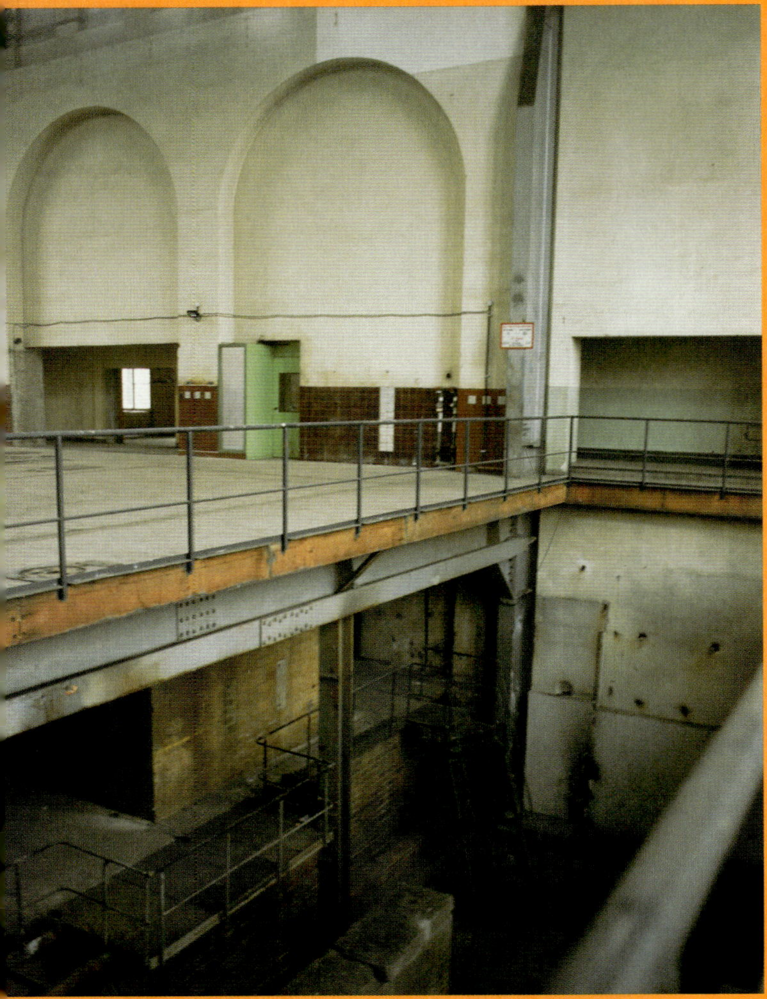

# KRAFTWERK STEGLITZ
## *STEGLITZ POWER STATION*

Birkbuschstraße 40–44
12167 Berlin
Denkmalensemble
Architekt Hans Müller
Baujahr 1910–11
Bruttogeschossfläche 4.854 m²
Stilllegung 1994

*Birkbuschstrasse 40–44*
*12167 Berlin*
*Ensemble of monuments*
*Architect Hans Müller*
*Year of construction 1910–11*
*Gross storey area 4,854 m²*
*Closure 1994*

**Umnutzung des Kraftwerks Steglitz**
*Reusing Steglitz Power Station*

Mara Pinardi/Lucius Rathke

Das Projekt zur Umnutzung des Kraftwerks Steglitz wurde im Wintersemester 2001/02 erarbeitet. Anders als beim Umspannwerk Scharnhorst, das von einem einzelnen Baukörper bestimmt ist, besteht das Kraftwerk Steglitz aus einem Gebäudeensemble mit dem Direktorenhaus und der Verwaltung entlang der Birkbuschstraße, dem Maschinenhaus und dem Kesselhaus im Inneren des Grundstücks. Das prägendste Element des Kraftwerks ist das Maschinenhaus, eine stützenfreie Halle von 24 m Höhe, deren Giebelfassade von vertikalen Fensterbändern und einer Lünette bestimmt wird. Quer zum Maschinenhaus schließt nach Westen das Kesselhaus an, eine niedrige, stützenfreie Halle, in der noch die Technik aus den 60er Jahren des 20. Jahrhunderts vorhanden ist. Dieser historische Hauptkern des Kraftwerks aus den Jahren 1910–11 stand im Mittelpunkt aller Projekte.

Das Grundstück nimmt eine städtebaulich hervorragende Lage entlang des Teltowkanals neben dem Hafen Steglitz in unmittelbarer Nähe zu einem dicht besiedelten Wohngebiet ein. Das Kraftwerk zeigt sich in seiner gesamten architektonischen Erscheinung am deutlichsten von der Uferseite des Teltowkanals. Von dem einheitlich mit Rathenower Handstrichziegeln errichteten Ensemble setzt sich das Maschinenhaus ab, dessen Frontseite am Kanal an die Giebelfassade einer Kathedrale erinnert. Dieses Bild wird in Richtung Hafen Steglitz von der gewaltigen Erscheinung der 1960 neben dem Kesselhaus gebauten Turbinenhalle erheblich beeinträchtigt. Aus diesem Grund enthalten die Projektarbeiten unterschiedliche Lösungsansätze zum Umgang mit der Wasserfront: von der Freilegung der tragenden Konstruktionen der Turbinenhalle mit einer neuen

*The project for reusing Steglitz Power Station was worked out in Winter Semester 2001/02. In contrast to Scharnhorst Transformer Station, which is dominated by a single main body, Steglitz Power Station consists of an ensemble of buildings with the director's house and the administration along Birkbuschstrasse, and the machine hall and the boiler house in the interior of the property. The machine hall is the most dominant element of the power station. It is a column-free hall 26 yards high whose gable facade is dominated by vertical window hinges and a lunette. Perpendicular to this, to the west, is the boiler house, a low column-free hall still equipped with technology from the 1960's. This historical main core of the power station from 1910–11 was at the centre of all the projects.*

*In urban development terms, the property has an excellent location alongside Teltow Canal and next to Steglitz Harbour, in the immediate vicinity of a densely populated residential area. The clearest view of the whole architectonical appearance of the power station can be seen from the bank-side of the Teltow Canal. The ensemble is constructed uniformly with hand-formed bricks from nearby Rathenow with the machine hall standing out. Its front side on the canal is reminiscent of a cathedral's gable façade. This image is impaired considerably towards Steglitz Harbour by the colossal appearance of the turbine hall that was built in 1960 next to the boiler house. For this reason, the project works contain different trial solutions for working with the water front: from uncovering the weight-bearing constructions of the turbine hall with a new transparent façade styling, right up to tearing the building down and replacing it.*

Kraftwerk Steglitz, Maschinenhalle Untergeschoss, 2000
*Steglitz Power Station, machine hall basement, 2000*

transparenten Fassadengestaltung bis hin zum Abbruch mit Ersatzgebäude.

Schwerpunkte der städtebaulichen Konzepte waren die Verbindung mit dem nördlich gelegenen Wohngebiet und dem Bäkepark, die Aufwertung der Uferseiten des Teltowkanals durch öffentliche Wege sowie die Erschließung und Miteinbeziehung des Hafens Steglitz. Bezüglich des Außenraums haben die StudentInnen unterschiedliche Lösungsansätze entwickelt: Von der Aufnahme der vorhandenen landschaftlichen Merkmale, wie etwa die runden Sockel der ehemaligen Öltanks, bis hin zur Überprüfung der baulichen Verdichtungsmöglichkeiten. Parallel dazu sind im städtebaulichen Konzept Überlegungen zur Umnutzung des an der Südseite des Grundstücks vorhandenen eingeschossigen Lagers und des um 1900 errichteten Werkstattgebäudes miteinbezogen worden.

*The urban development concepts mainly emphasized the link with the residential area lying northwards and Baeke Park, increasing the value of the bank of the Teltow Canal with public paths, as well as by accessing and including Steglitz Harbour. As for the exterior, the students developed different solution approaches. These ranged from including existing scenic characteristics, such as the round base of the former oil tanks, up to testing the possibilities of structural compaction. Parallel to this, the urban development concept contains considerations about changing the use of the existing one-storey stockroom, built on the south side of the property, and the workshop building from around 1900.*

*Three longitudinal axes were developed for accessing the property and the building: the canal bank, the director's house with the yard, and the inner development road. They highlight the link from Birkbuschstrasse to the harbour and*

Kraftwerk Steglitz vom Teltowkanal aus
mit dem alten Schornstein, 1959
*Steglitz Power Station, seen from Teltow Canal,
with the old chimney, 1959*

Ansicht des Kraftwerkes vom angrenzenden
Abspannwerk, 1936
*Seen from the adjacent transformer station, 1936*

Bau des neuen 120 m hohen
Schornsteinturms, 1962
*Construction of the new 130-yard-high
chimney tower, 1962*

Für die Erschließung des Grundstücks und der Gebäude wurden drei Längsachsen entwickelt: Das Ufer am Kanal, das Direktorenhaus mit dem Hof und die innere Erschließungsstraße. Sie betonen die Verbindung von der Birkbuschstraße zum Hafen und wurden in den Projekten unterschiedlich betont. Zusätzlich wurden Querverbindungen zum Teltowkanal und zum Bäkepark, der über eine Fußgängerbrücke erreicht werden soll, sowie zum erhöhten Plateau mit einem neuen 120 m hohen Schornsteinturm vorgeschlagen.

Durch die Bestandsanalyse wurden die wichtigen historischen und typologischen Elemente der Anlage hervorgehoben, deren Ergebnisse in die Aufgabenstellung miteingeflossen sind. Die kleinteilige Raumgliederung im Direktoren- und Verwaltungstrakt, das Maschinenhaus mit seinen unterschiedlichen Höhenniveaus, den kräftigen Stahlbetonstützen der unteren Ebene und dem bis zum Wasser des Teltowkanals reichenden Kühlraumbereich sowie das Kesselhaus mit den Stahlgebinden seiner Dachkonstruktion blieben in den meisten Entwürfen unberührt.

Einige Projekte betonen den Bezug zum technischen Denkmal und beziehen die Technik des Kesselhauses mit ein, die, selbst wenn nicht mehr bauzeitlich, die ursprüngliche Nutzung der Gebäude illustriert.

Die Fassaden wurden ohne Änderungen in die Entwürfe übernommen, mit Ausnahme der Bereiche, an denen nachträgliche Veränderungen vorgenommen wurden. Die Trafohäuser im Hofbereich wurden zum Beispiel zugunsten einer großzügigen Hofsituation entfernt.

*were emphasized differently in the projects. In addition, there were suggestions for connecting with Teltow Canal and Baeke Park, which is to be reached via a pedestrian bridge, as well as to the increased plateau with a new 130-yard-high chimney tower.*

*The plant's important historical and typological elements were emphasized through the inventory analysis, whose results also flew into the formulation. Most of the designs did not touch the small-scale room division in the director's and administrative tract, the machine hall with its various height levels, the strong reinforced concrete supports of the lower level, and the cold-storage area stretching down to the Teltow Canal, along with the boiler house with the steel trusses of its roof construction.*

*Some projects emphasize the reference to the technical monument and include the boiler house's technology, illustrating the original use of the building, even if they were not constructed at the same time. The façades were adopted in the designs without any changes being made, apart from those areas where changes were carried out subsequently. The distribution houses in the court area were, for example, removed in favour of a spacious yard.*

*Inadequate lighting also played an important role in the handling of the buildings. Furthermore, the problem also arose that the boiler house, machine hall and switch area may be built in succession, but they are only connected via scanty openings. For this reason, many projects deal with planning light references and interior links, which should be improved by opening the lateral arches of the machine hall and installing walkways and levels at various heights.*

Das Kraftwerk Steglitz vom Teltowkanal aus
während des Baus der Turbinenhalle, 1959
*Steglitz Power Station, seen from Teltow Canal,
during construction of the turbine building, 1959*

Das Kraftwerk Steglitz mit der neuen Turbinenhalle
und einem Öltank, 1960
*Steglitz Power Station with the new turbine building
and an oil tank, 1960*

Bei der Auseinandersetzung mit den Gebäuden spielte auch die unzureichende Belichtung eine wichtige Rolle. Außerdem ergab sich das Problem, dass Kesselhaus, Maschinenhaus und Schalterbereich zwar aneinander gebaut sind, die Durchgänge jedoch über spärliche Öffnungen erfolgen. Viele Projekte beschäftigen sich daher mit der Planung von Blickbezügen und der inneren Verbindungen, die durch die Öffnung der seitlichen Bögen der Maschinenhalle und den Einbau von Laufstegen und Ebenen in verschiedenen Höhen verbessert werden sollen.

Auch die Gebäudehülle wird in den Entwürfen unterschiedlich behandelt: Von der Hervorhebung des großzügigen Raumeindrucks des Maschinenhauses durch das gezielte Hinzufügen einzelner Baukörper bis hin zu einer Verdichtung der eingebauten Elemente im Kesselhaus. Die Maschinenhalle wird somit als der wichtigste und zentrale Baukörper der Anlage betont.

Die vorgeschlagenen Nutzungen wie ein Designwerk, eine Medienbibliothek mit einem Wissenszentrum, „Kunst-Synergien", ein Campusgelände, ein Kraft-Körper-Werk, ein multifunktionaler Einkaufs- und Freizeitkomplex oder die Energiehöfe zeigen die vielfältigen Möglichkeiten, den vorhandenen Gebäuden eine neue Bestimmung zu geben, die kulturelle Belange berücksichtigt, ohne die wirtschaftlichen Aspekte zu vernachlässigen.

*The building shell is also treated differently in the designs: from emphasizing the generous spatial impression of the machine hall, through specifically adding individual structures, right up to compressing the built-in elements in the boiler house. In this way, the machine hall is emphasized as the most important and central structure of the plant.*

*The uses suggested, such as a Design Factory, a Media Library with a knowledge centre, "Art Synergies", a university campus, a Strength-Body-Work facility, a multifunctional shopping and leisure complex, or the Energy Yards, show the various possibilities of giving the existing buildings a new purpose in a manner taking the cultural importance into account without neglecting economic aspects.*

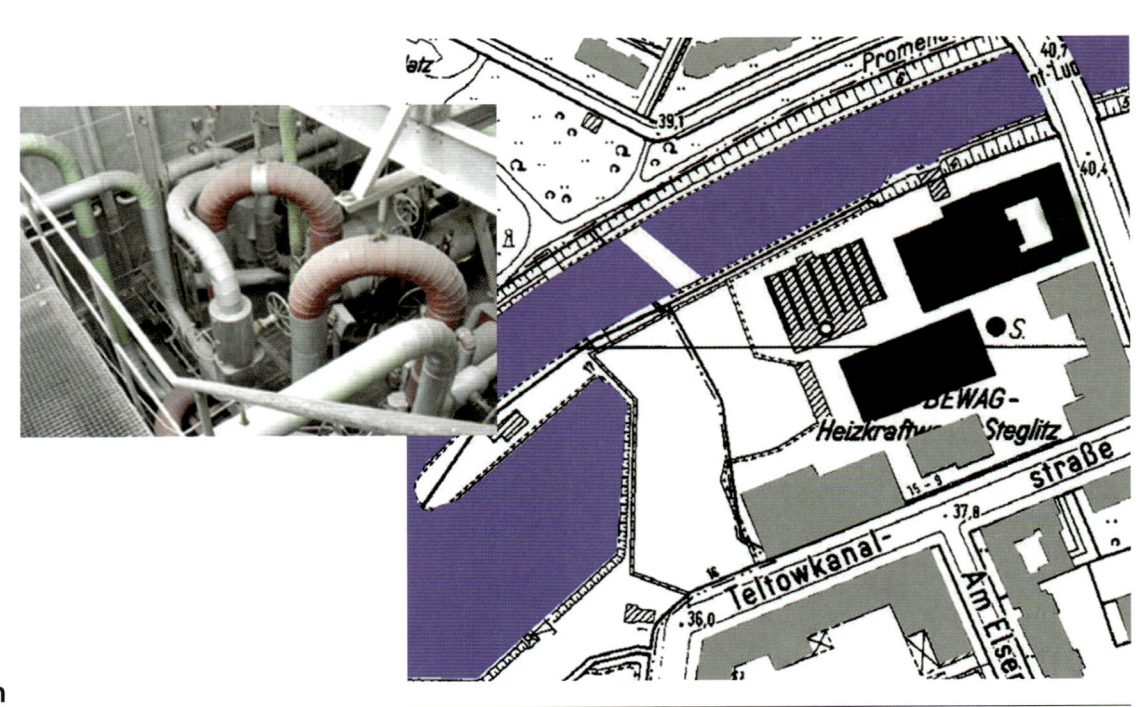

## Kunst-Synergien
### *Art Synergies*

Delia Ossenkopp
Aram Münster

| | |
|---|---:|
| Nutzfläche im denkmalgeschützten Bestand | |
| *Area in use in listed assets* | 3.880 m² |
| Nutzfläche in anderen Gebäuden | |
| *Area in use in other buildings* | 1.500 m² |

Im Zuge der Überlegungen für eine Umnutzung des Kraftwerks Steglitz wird sehr schnell deutlich, dass etwaige Veränderungen nur sehr respektvoll und behutsam vorgenommen werden können.

Das Konzept sieht die Schaffung einer Institution vor, die es begabten, unetablierten Künstlern ermöglichen soll, mittels eines Stipendiums einen gewissen Zeitraum konzentriert und synergetisch zu arbeiten. Ein Kraftwerk ist eine Anlage zur Produktion von elektrischem Strom, der mittels Generatoren aus unterschiedlichen Kraftstoffen gewonnen werden kann.

*Institution for non-established artists and scholars*

*This proposal doesn't just preserve the stock of the old power station; it also utilizes the technical fittings.*

*The machine hall serves as a venue for theatre, dance and music. The boiler room hosts exhibitions. The old boiler facilities remain as presentation rooms. The turbine building's shell is dismantled. Sea containers are anchored on the crane construction. They contain galleries, studios and storerooms.*

**Ansicht vom Teltowkanal**
*View from Teltow Canal*

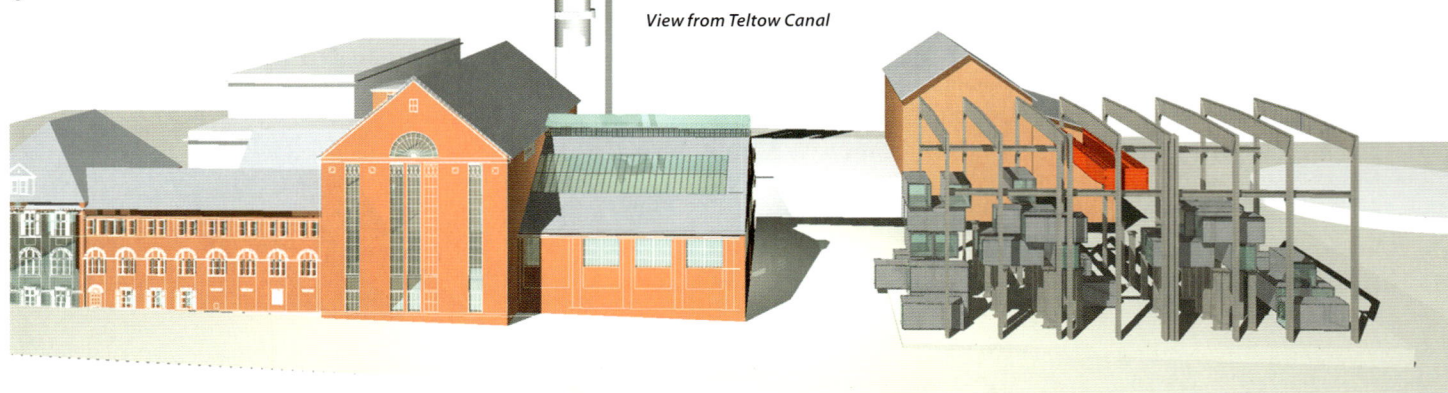

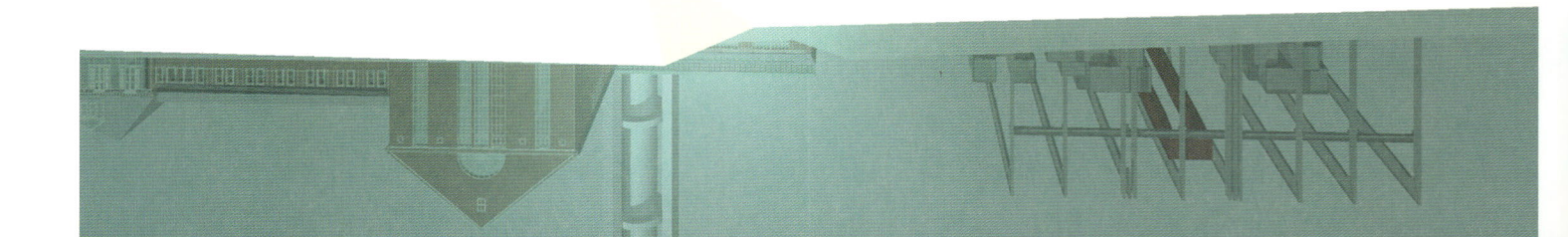

Kesselhaus, 2001
*Boiler room, 2001*

Giovanni Battista Piranesi
„Die Zugbrücke", 1750
*Giovanni Battista Piranesi*
*"The drawbridge", 1750*

Dieses Prinzip soll adäquat erhalten und konzeptionell umgesetzt werden. Bei der Untersuchung der Bedürfnisse und Emissionen ergibt sich eine Zonierung, in der Theater-, Tanz- oder sonstige Großveranstaltungen stattfinden können.

Das Kesselhaus behält seine „nesterartige" Gitterroststruktur und wird lediglich durch einen Aufzug und eine Küche erweitert. In die Kessel werden Bullaugen und Türen geschnitten, um sie als Blackboxes und Mikro-Plattformen für kleine Kunstobjekte zu nutzen.

Die Turbinenhalle wird bis auf das Stahlskelett abgerissen. Stellvertretend für alle Kunstsparten werden stirnverglaste Seecontainer aufgestellt, die als Galerien, Werkstätten oder Lager genutzt werden. Dadurch erhält der Hafen Steglitz seine ursprüngliche Anlieferungsfunktion zurück. Die tägliche Umwälzung der Container mittels Laufkatze symbolisiert noch einmal die turnusartige Fluktuation der Künstler.

Straßenseitig wird ein gläserner Kubus versenkt, der den U-förmigen Verwaltungsbau schließt und wie ein pulsierendes Herz wirkt. Der Kubus beherbergt die Druckerei.

Das synergetische Arbeiten der verschiedenen Kunstrichtungen ermöglicht eine enorme Produktivität, die über die Druckerei ihren Weg zur Öffentlichkeit findet. Um das Finanzierungskonzept zu sichern, soll die für die ansässigen Künstler überdimensionierte Maschinenhalle auch temporär an Fremdveranstaltungen vergeben werden. Einen ähnlichen Beitrag leistet der Tanzclub im Untergeschoss der Maschinenhalle. Unser Nutzungskonzept wird dem Kraftwerksprinzip, d. h. Umwandlung von Energie, gerecht, schafft dort einen Ort von höchster kultureller Produktivität und Erlebens und gibt dem Stadtteil Steglitz sowie der Stadt Berlin eine Chance, sich auf internationaler Ebene zu profilieren.

Stahlskelett der Turbinenhalle mit Seecontainern
*Steel skeleton of the turbine building with sea containers*

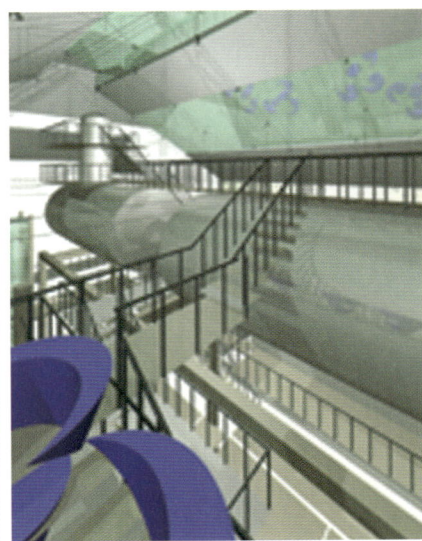

Kesselhaus: Innenraumvisionen
*Boiler room: visions of the interior*

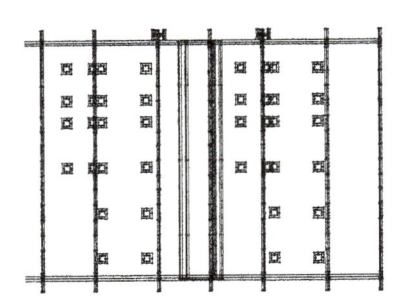

Grundriss Untergeschoss
*Ground-floor plan: basement*

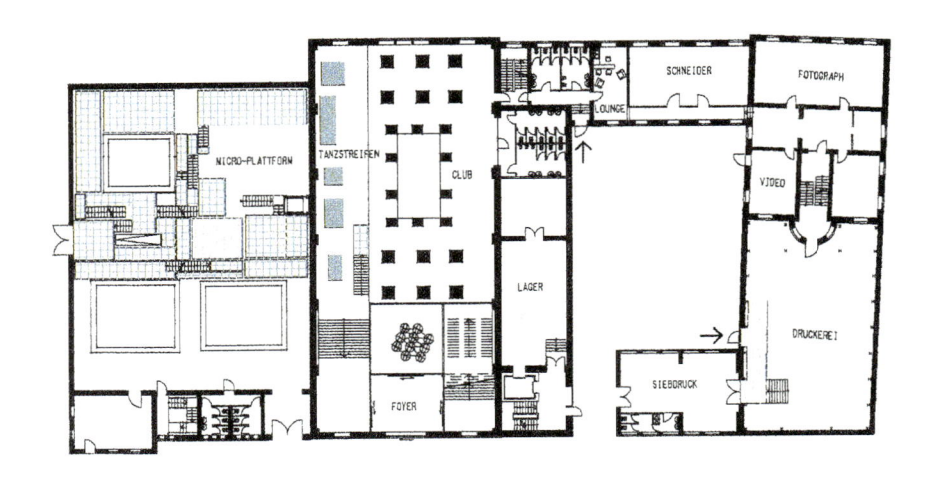

Maschinenhaus: Innenraumvisionen
*Machine hall: visions of the interior*

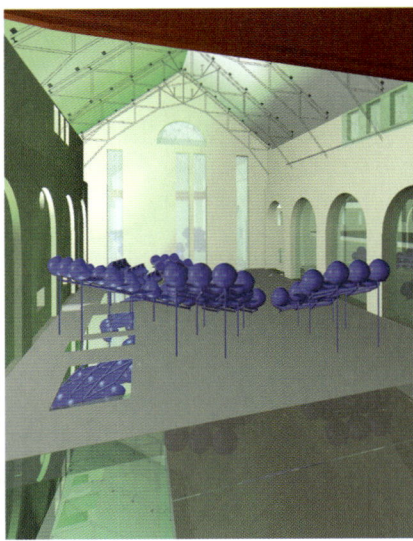

Gläserner Kubus mit Druckerei zur Birkbuschstraße
*Glass cube with printer's building, seen from Birkbuschstrasse*

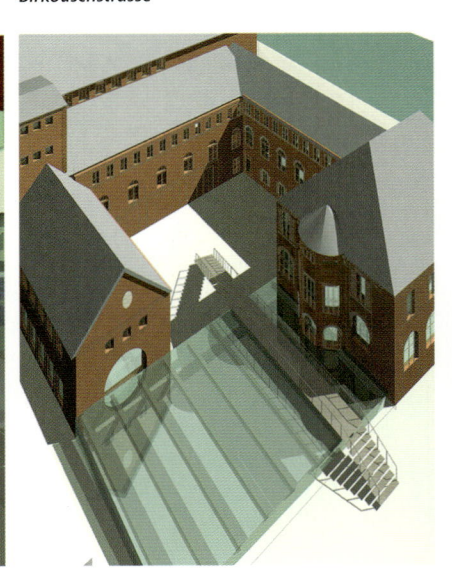

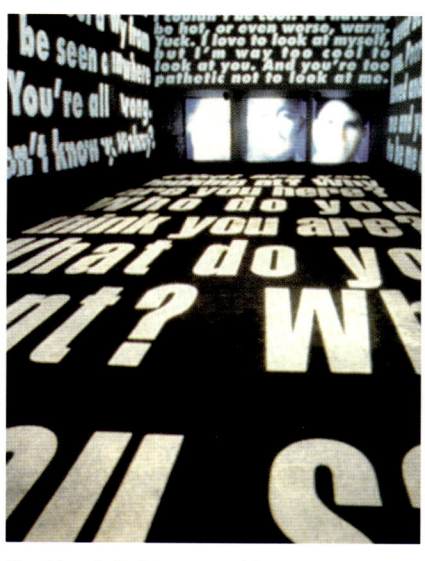

Maschinenhalle: Innenraumvisionen
*Machine hall: visions of the interior*

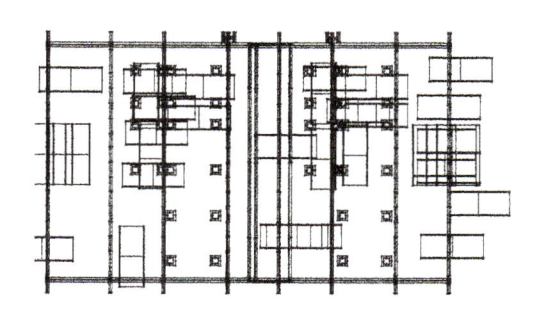

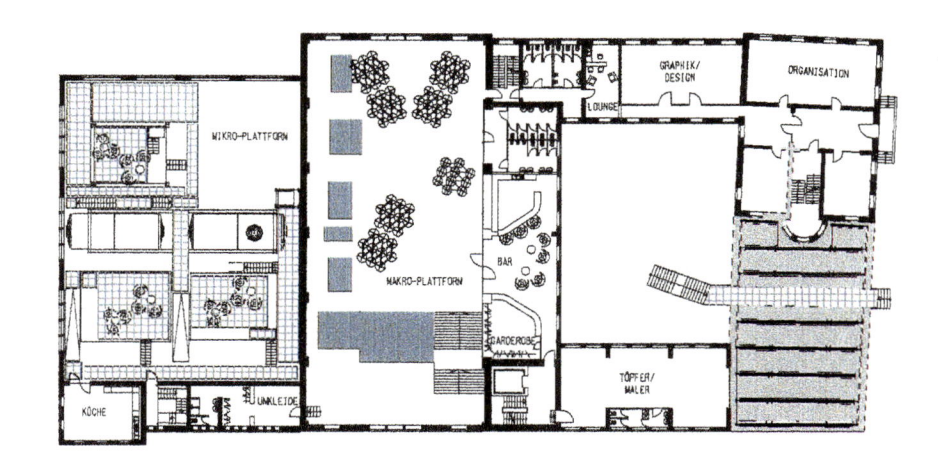

Grundriss Erdgeschoss
*Ground-floor plan: ground floor*

Gesamtanlage
*Whole complex*

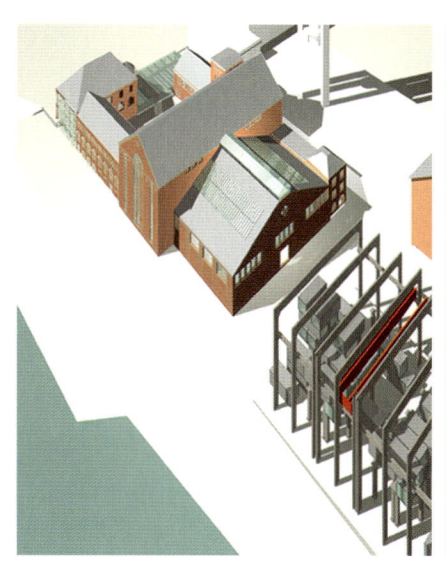

Maschinenhaus: Untergeschoss
*Machine hall: basement*

Druckerei
*Print office*

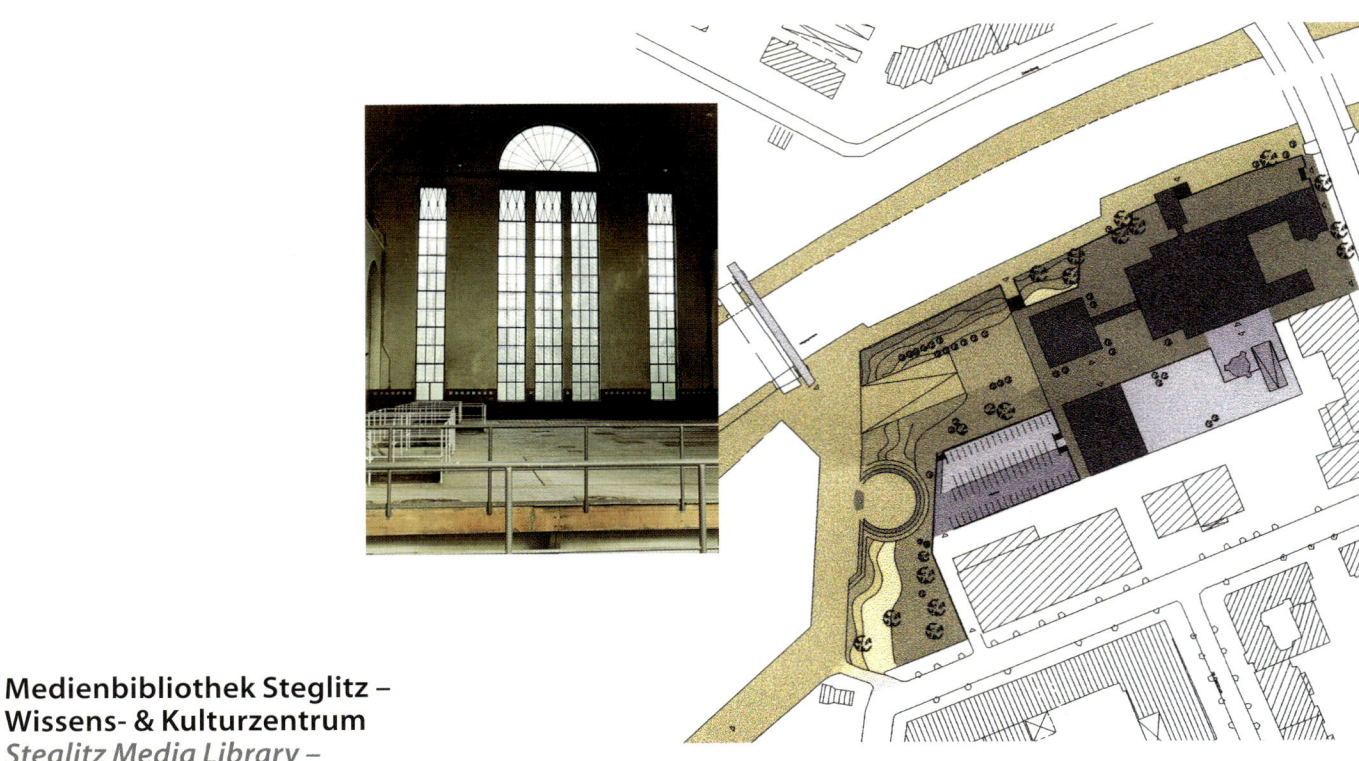

## Medienbibliothek Steglitz – Wissens- & Kulturzentrum
*Steglitz Media Library – Knowledge and Cultural Centre*

Antje Kethler
Ronald Otto

| | |
|---|---:|
| Nutzfläche im denkmalgeschützten Bestand | |
| *Area in use in listed assets* | 4.570 m² |
| Nutzfläche in anderen Gebäuden | |
| *Area in use in other buildings* | 3.320 m² |

Die Umnutzung des ehemaligen Heizkraftwerks Steglitz zu einem Standort für Wissen, Bildung und Kultur beinhaltet eine öffentliche wissenschaftliche Bibliothek, ein Sprachausbildungszentrum zur Förderung der innereuropäischen Zusammenarbeit von Forschern verschiedenster Fachgebiete sowie zwei gastronomische Einrichtungen.

Aus technischen Gründen (die benötigte Kohle wurde per Schiff angeliefert) wurde der Standort des Kraftwerks direkt am Teltowkanal gewählt, als der umliegende Teil Steglitz' noch weitgehend landwirtschaftlich genutzt wurde.

Entlang des Teltowkanals soll eine öffentliche Grünzone mit Radwander- und Spazierwegen entstehen. Der bisher abgesperrte Hafen Steglitz soll für alle Anwohner und Besucher frei zugänglich sein. Das bisher geschlossene Areal des Kraftwerks wird so für alle Menschen geöffnet.

Ein Ziel der Umnutzung ist es, die denkmalgeschützten Fassaden zu erhalten und das HKW darüber hinaus in seiner von Hans Müller projektierten Urform zu vervollständigen. In den Hallen und Räumen des ehemaligen HKW Steglitz entsteht ein überregionaler Standort für Wissenschaft und Sprachen. Den Löwenanteil nimmt dabei die wissenschaftliche Bibliothek ein.

Der Haupteingang der Bibliothek befindet sich an der Stirnseite der Halle an der Erschließungsstraße des Kraftwerkgeländes. Gegenüber dem Eingang wird durch Teilrückbau des ehemaligen Straßenbahndepots ein kleiner Platz geschaffen, von dem eine Rampe auf das Plateau des Depots führt.

Die Bibliothek, die sowohl dem entspannenden Lesen als auch dem konzentrierten wissenschaftlichen Lernen dienen soll, umfasst einen Bestand von ca. 1,2 Mio. Büchern, Zeitschriften und Schriftstücken, teils in digitalisierter Form. Sämtliche für den Besucher wichtige Bereiche sind entlang der Hauptachse der Bibliothek angeordnet.

Die Hauptachse beginnt am Eingang des Direktorenhauses an der Birkbuschstraße und führt stufenlos bis in den Neubau hinter dem Kesselhaus, wo sie eine Höhe von ca. 6 m über Gelände erreicht. Geprägt wird die Halle durch den Einbau von zwei Büchertürmen, die als begehbare Skulpturen in den Freiraum des

*The power station is transformed into a scientific library open to the public. A new building behind the boiler room extends the historic ensemble of buildings. It houses a language-training centre. The library encompasses 1.2 million media items. Parts of the port previously inaccessible for the residents will be opened up for them.*

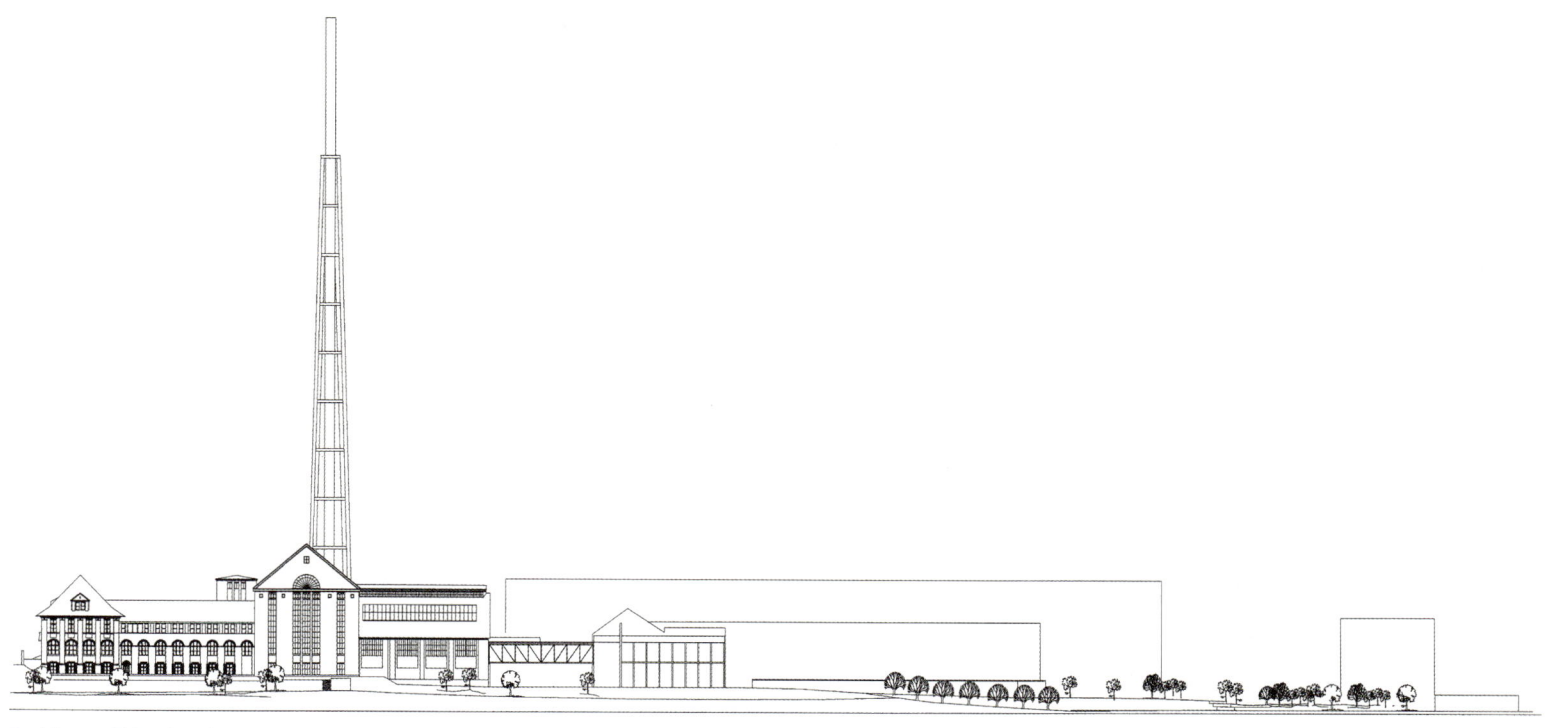

Ansicht vom Teltowkanal
*View from Teltow Canal*

Halleninneren integriert sind. Der zur Erschließungsstraße hin orientierte Turm steht frei in einer vorhandenen Öffnung des Fußbodens. Im zweiten Turm befindet sich auf der Ebene der Besucher die Hauptinformation, an der Erstbesuchern weitergeholfen wird.

In den Türmen befinden sich dreiläufige Treppen, die sich um je einen Aufzugskern herumwickeln. Die Längswände bestehen vollständig aus geschosshohen Regalen. Sie laden zum spontanen Verweilen und Lesen ein. Beide Türme sind in ca. 9 m Höhe durch eine Glas-Stahl-Fachwerkbrücke verbunden. Als Sitzgelegenheit dienen dabei die aus Holz gefertigten Treppen. Lesen soll in unserer Bibliothek nicht als Last, sondern als Lust empfunden werden.

An den Wänden der Maschinenhalle sind in acht der zwölf Bögen ebenfalls Regale integriert. Die beiden mittleren Bögen jeder Seite sind geöffnet und geben den Blick in die benachbarten Räume frei. Im ehemaligen Kesselhaus werden zwei neue Zwischendecken eingefügt. Auf der oberen Zwischendecke, die zur Besucheretage gehört, befinden sich rechts und links des Ganges sechs Multimediakuppeln, in denen für einzelne Besucher oder kleinere Besuchergruppen digitalisierte Film- und Tondokumente verfügbar sind. Die beiden unteren Etagen

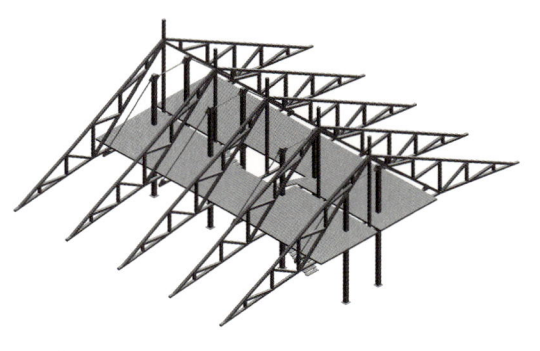

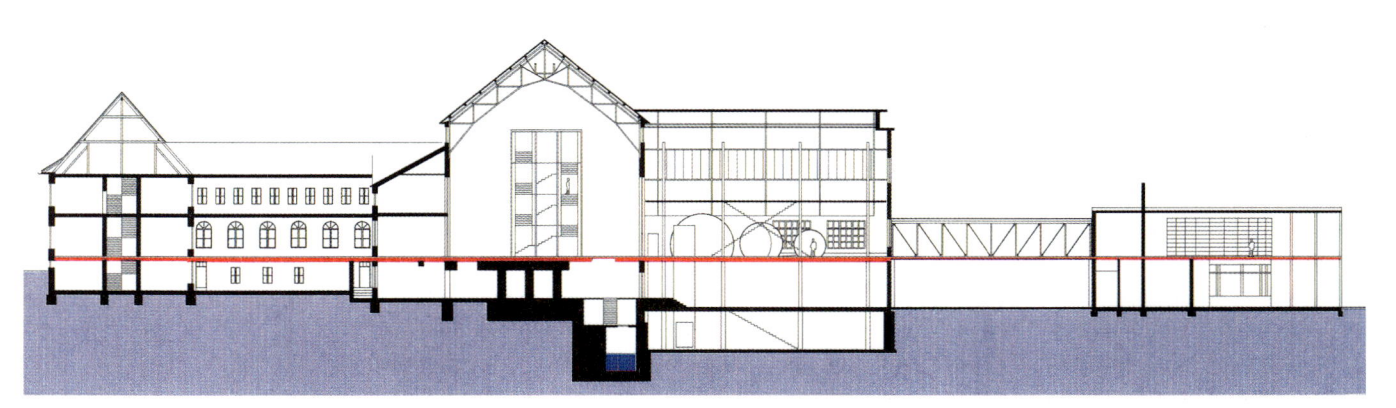

Galerie im Kesselhaus  *Gallery in the boiler room*

Schnitt A – A
*Section A – A*

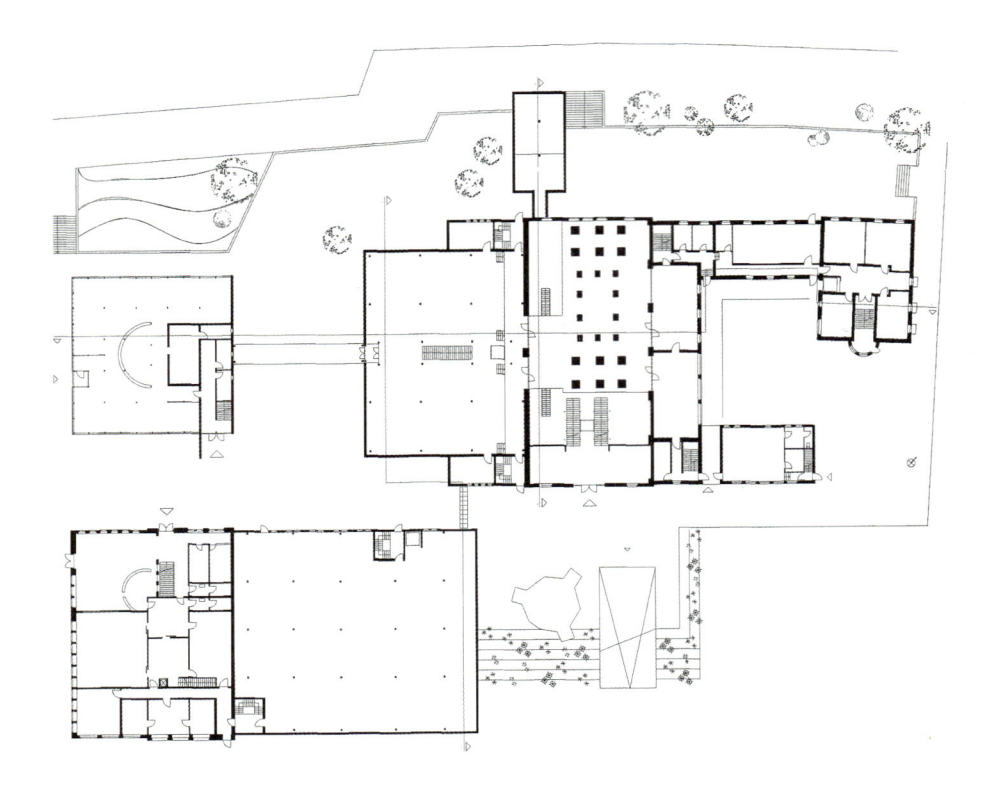

Grundriss 1. Obergeschoss
*Ground-floor plan: first floor*

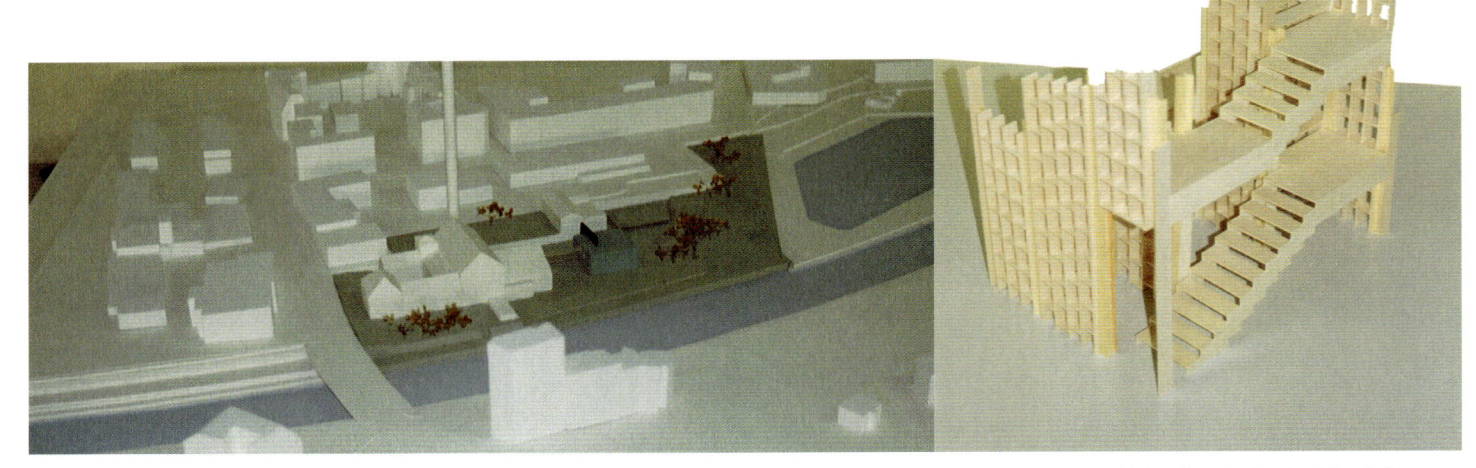

Umgebungsmodell
*Model of surroundings*

Büchertürme in der Maschinenhalle
*Book towers in the machine hall*

dienen als Magazinfläche. Von der unteren Etage des Magazins führt ein unterirdischer Verbindungsgang zu weiteren Magazinflächen im Inneren des ehemaligen Straßenbahndepots.

Ergänzt wird die Bibliothek durch über 190 wissenschaftliche Arbeitsplätze in drei unterschiedlich gestalteten „Bildungsebenen". An den Stirnseiten der Maschinenhalle, unterhalb der Fenster, befinden sich übersichtlich angeordnete Arbeitsplätze für den in Eile befindlichen Kurzzeitbesucher, der ohne lange Verweildauer schnell und gezielt nach Informationen sucht.

In der neu entstandenen Galerieebene über der Hauptetage im ehemaligen Kesselhaus hingegen befinden sich bequeme, zum längeren Verweilen und Schmökern einladende Lesesessel.

In der oberen Etage eines Neubaus, der über einen Glasgang mit dem alten Kraftwerk verbunden ist, befinden sich schließlich unterschiedlich eingerichtete, längerfristig nutzbare Arbeitsplätze, an denen z. B. Dissertationen entstehen können.

Jeder einzelne der Arbeitsplätze in den drei „Bildungsebenen" verfügt über einen multimediafähigen Rechner mit Zugang in das bibliotheksinterne Intranet für den Zugriff auf die digitalisierten Archivbestände der Bibliothek. In den Räumen des früheren Direktorenhauses und des Verbindungsflügels findet ein Sprachen-Aus- und -Weiterbildungszentrum seine Heimstatt.

Auf dem Freigelände zum Hafen hin entsteht auf dem Fundament eines ehemaligen Öltanks eine Freiluftbühne, die für musikalische und kulturelle Nutzungen vorwiegend durch Anwohner und Spontankünstler offen steht.

Grundriss 1. Obergeschoss
*Ground-floor plan: first floor*

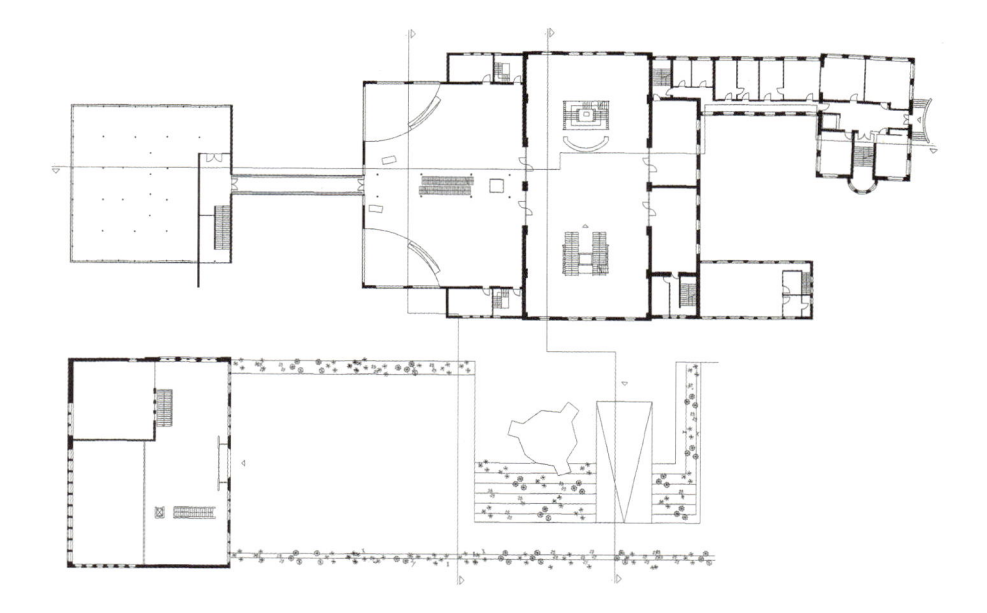

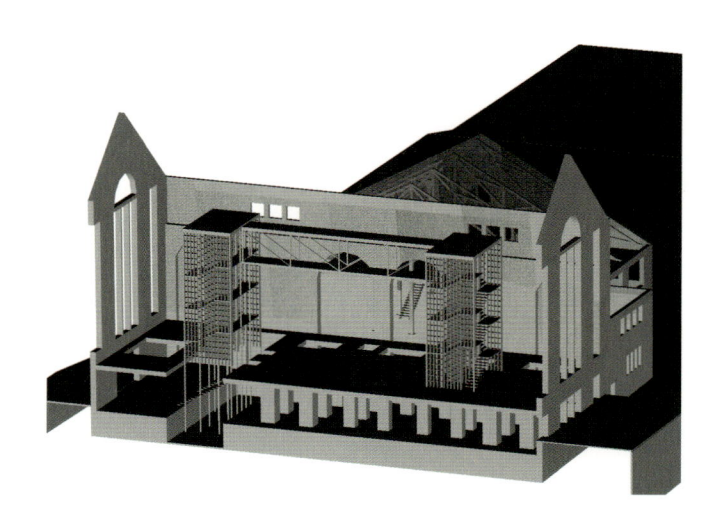

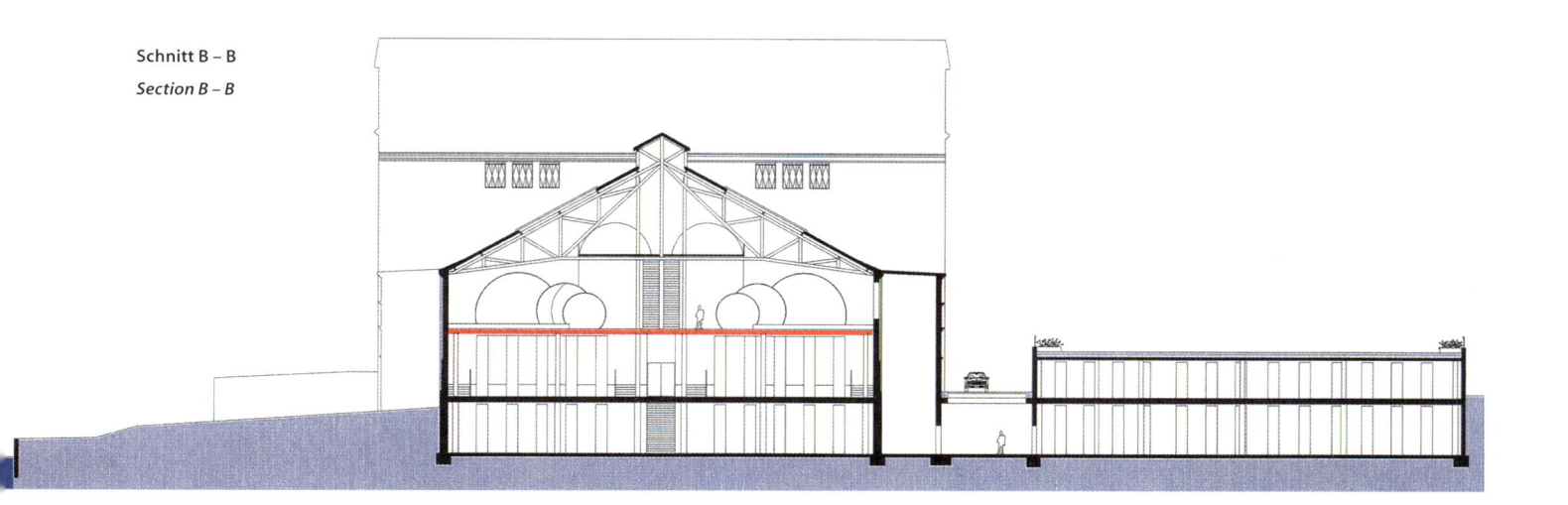

Blicke ins Innere der Maschinenhalle
*Look inside the machine hall*

Schnitt B – B
*Section B – B*

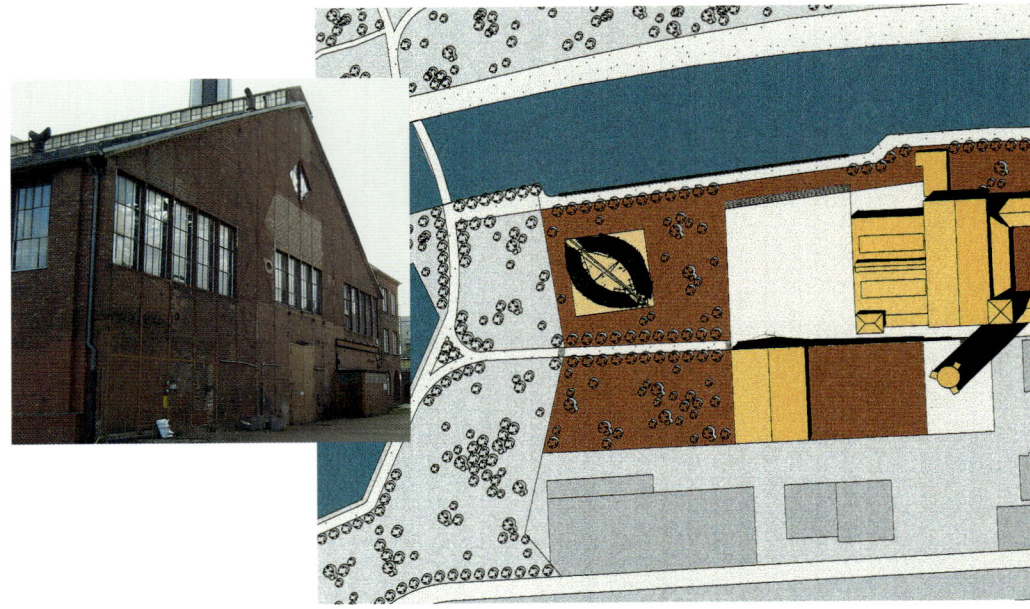

## Kraftwerk Steglitz – Designwerk 1910–2002
*Steglitz Power Station Designwerk (Design Factory) 1910–2002*

Alexandra Heinrich
Alexander Wild

| | |
|---|---:|
| Nutzfläche im denkmalgeschützten Bestand | |
| *Area in use in listed assets* | 3.380 m² |
| Nutzfläche in anderen Gebäuden | |
| *Area in use in other buildings* | 1.500 m² |

### Städtebauliches

Um eine notwendige Anbindung des Geländes an das Wohngebiet auf der gegenüberliegenden Seite des Kanals zu fördern und die Grünflächen Bäkepark und Steglitzer Hafen zu verbinden, halten wir es für notwendig, die heute vorhandene Leitungstrasse durch eine in den Landschaftspark eingefügte Fußgängerbrücke zu verbinden.

Das Gasturbinenwerk halten wir für zu dominant, dem Ort und seiner Geschichte zu wenig angemessen, und plädieren daher für einen Abbruch, um einen Vorplatz zu schaffen.

An Stelle der ehemaligen Öltanks soll ein Pavillon entstehen, für den wir beispielhaft den Expopavillon von Ungarn eingesetzt haben. Er soll eine Verbindung vom Innen- zum Außenraum herstellen und vor allem bei größeren Veranstaltungen auf dem Gelände die notwendigen Flächen bereithalten.

### Nutzungskonzept

Aus dem ehemaligen Kraftwerk soll ein modernes Designwerk mit vielfältigen Nutzungsmöglichkeiten entstehen. Neben unterschiedlichsten Atelier- und Bürogrundrissen entstehen eine Vielzahl von Verkaufs- und Ausstellungsflächen. In der alten Villa und den Anbauten werden eher konventionelle Officelösungen untergebracht.

*The Design Factory portrayed here offers various development possibilities to young artists from the areas of design, fashion and communication. There are a multiplicity of areas for studios and exhibitions along a useable elliptic spiral in the machine hall in addition to the conventional office solutions in the villa. There are also work and exhibition rooms in the boiler house.*

In der Maschinenhalle entstehen zwölf Atelier- und Ausstellungsflächen, die mit einer elliptischen Spirale erschlossen sind. Diese Innenraumskulptur soll zu einem Besuchermagneten des Komplexes werden. Das Kesselhaus erhält neben vier Werkflächen, die eben erschlossen werden, weitere acht gestapelte, voll verglaste Ateliers. Das ganze Konzept fördert mit seiner offenen Struktur die Kommunikation der einzelnen Nutzer und führt so zu einer beispiellosen Symbiose. Im Freiraum gibt es Möglichkeiten für Skulpturenhöfe oder Veranstaltungen in größerem Rahmen.

Das ehemalige Werkstattgebäude fördert als Club und Konzertraum die abendliche Belebung des Geländes.

### Organisation

Der Besucher wird von der Birkbuschstraße kommend auf das Areal geführt. PKWs können über die Teltwokanalstraße bequem im Untergeschoss des ehemaligen Straßenbahndepots abgestellt werden.

Erschlossen wird das Gebäude durch den Haupteingang des Maschinenhauses. Dieses stellt mit seiner neuen Funktion als Showroom mit Ausstellungs- und Gastronomieflächen das Zentrum des Komplexes dar. Vom Eingangspodest gelangt man über eine Rampe bequem auf das Hauptgeschoss und von da weiter zu den einzelnen Ebenen. Über einen Steg gelangt man

**Animation Maschinenhaus**
*Animation machine hall*

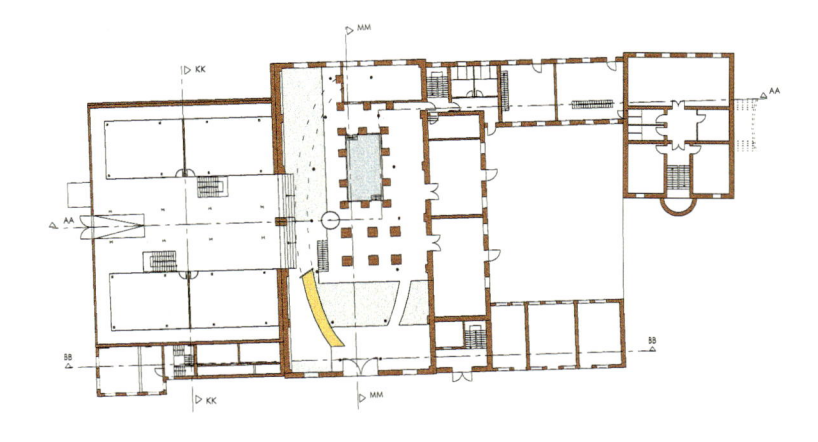

**Modellfoto Maschinenhaus Rampe**
*Model photo machine hall ramp*

**Modellfoto Maschinenhaus Rampe Ebenen**
*Model photo machine hall ramp*

**Grundriss Obergeschoss**
*Ground-floor plan: upper storey*

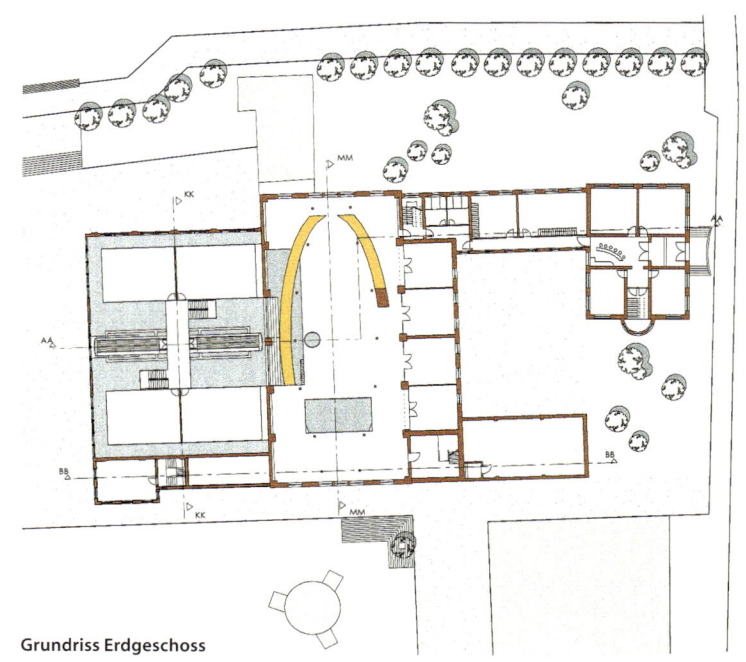

**Grundriss Erdgeschoss**
*Ground-floor plan: ground floor*

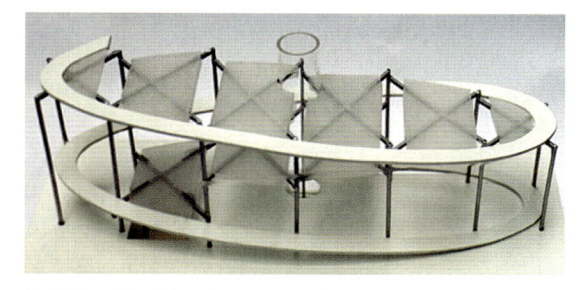

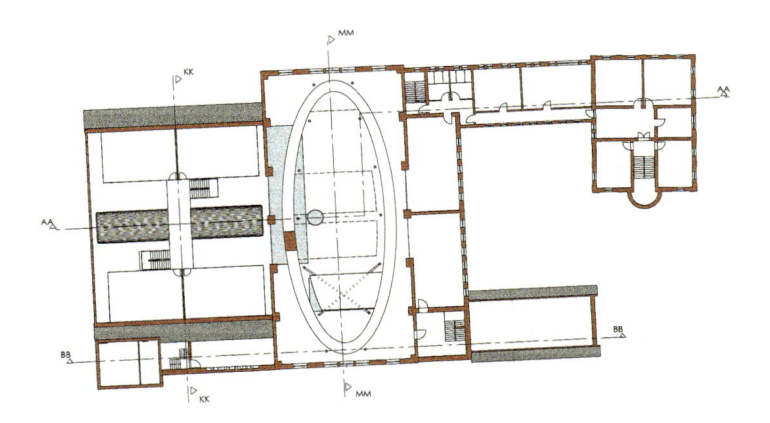

**Grundriss Untergeschoss**
*Ground-floor plan: basement*

vom selben Podest zu den Gastronomie- und Einzelhandelsflächen im Level 1 und von dort wiederum über einen runden, gläsernen Aufzug auf den Level 0 und weiter zu den Ebenen, die sich um ihn gruppieren. Über eine seitliche Treppe gelangt man in den Level 2, von dem aus man Zugang zum Kesselhaus hat. Auch das Kesselhaus ist auf mehreren (drei) Ebenen erschlossen, unterwirft sich aber in der Formgebung und Höhenstaffelung den beiden erhaltenen Kesseln in der Mitte des Raumes, die zu einer Kommunikationsröhre, welche in ihrer Funktion als Teeküche zu einem Informationszentrum des Bereiches werden soll, und einer Konferenzröhre, die allen Nutzern des Hauses für Präsentationen und Meetings zur Verfügung steht, umgenutzt werden.

**Ansicht Nord**
*North view*

**Ansicht Birkbuschstraße**
*View Birkbuschstrasse*

**Ansicht Süd**
*South view*

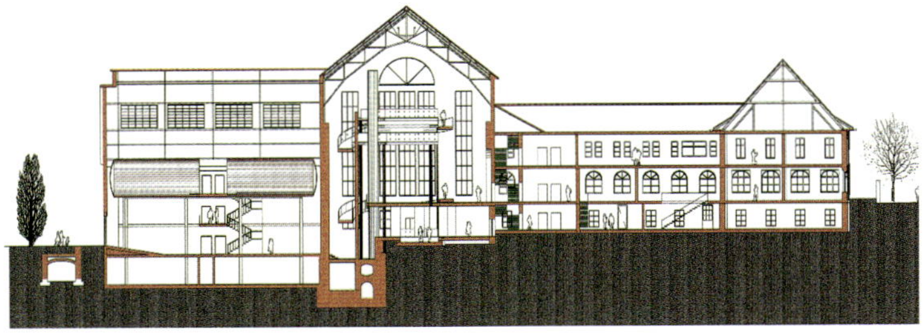

**Schnitt A – A**
*Section A – A*

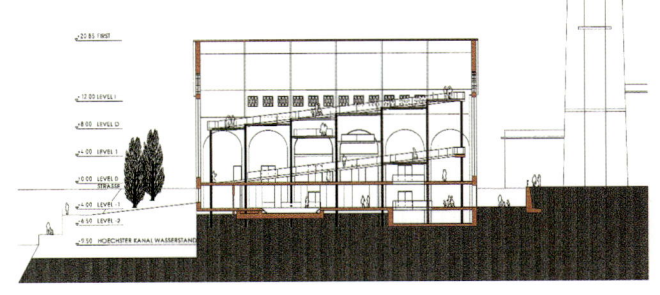

**Schnitt M – M**
*Section M – M*

Die einzelnen Ebenen sind mit Stegen verbunden, die mit zwei Treppen erschlossen werden.

Das Untergeschoss wird durch eine Stahlbetondecke von der Halle getrennt und dient als Lager und Archivfläche sowie zur Unterbringung der sanitären Anlagen. Mit seinen gläsernen Wänden und offenen Brücken setzen sich die neuen Werkräume und Ateliers komplett von der vorhandenen Bausubstanz ab.

Die so entstehende Halle soll nur vortemperiert sein, da sie im Vergleich zu den Kuben nicht beheizt wird. Zur Klimatisierung, die in den Sommermonaten zweifellos nötig sein wird, schlagen wir Kühldecken, die durch ein Wärmeaustauschsystem im Kanal gespeist werden, sowie große Lüftungs- und Entrauchungsklappen im Lichtfirst des Daches vor.

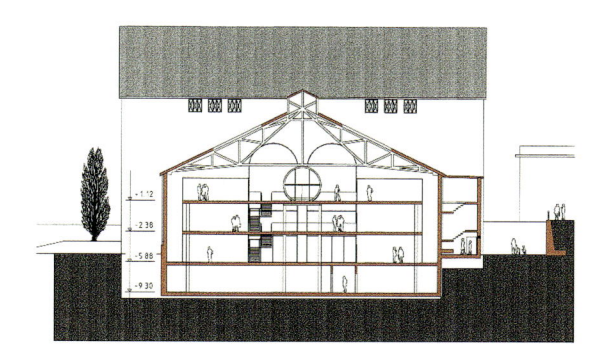

**Schnitt K – K**
*Section K – K*

**Modellfoto Kesselhaus**
*Model photo boiler room*

**Animation Kesselhaus Erdgeschoss**
*Animation boiler room ground floor*

**Animation Maschinenhaus Eingang**
*Animation machine hall entrance*

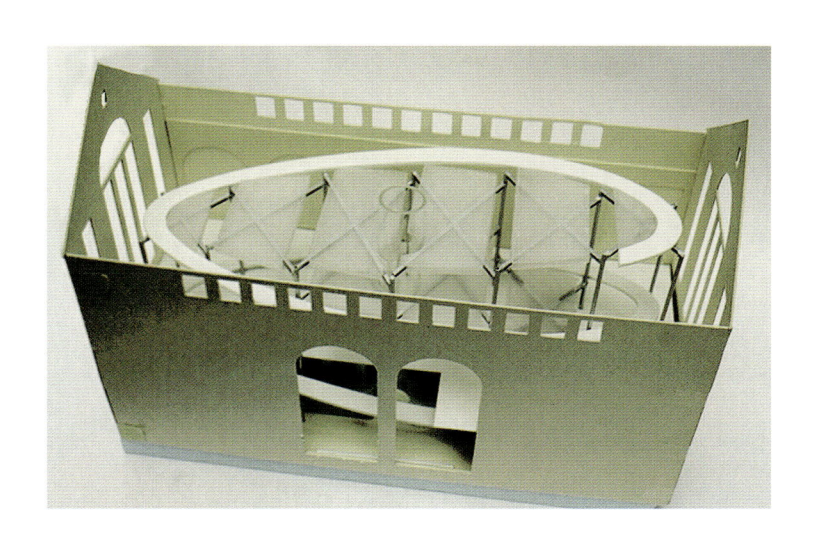

**Modellfoto Maschinenhaus**
*Model photo machine hall*

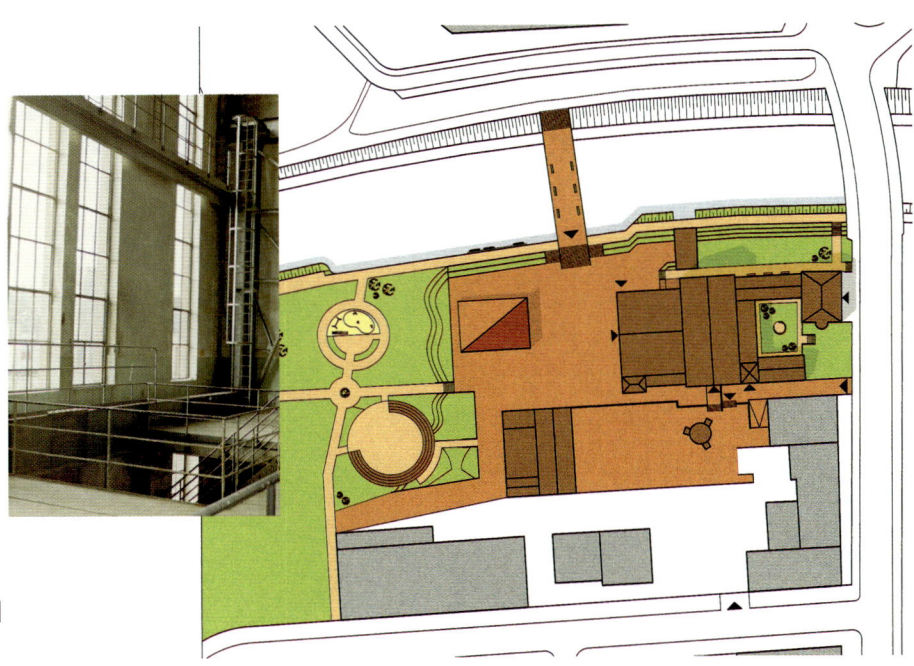

## Multifunktionaler Einkaufs- und Freizeitkomplex Steglitz
*Steglitz Multifunctional Retail and Leisure Complex*

Maja Leege
Christina Linke

| | |
|---|---|
| Nutzfläche im denkmalgeschützten Bestand | |
| *Area in use in listed assets* | 4.570 m² |
| Nutzfläche in anderen Gebäuden | |
| *Area in use in other buildings* | 3.320 m² |

**Nutzungskonzept**
Die Bevölkerungsstruktur um das Kraftwerk ist stark durchmischt und setzt sich unter anderem aus Familien mit Kindern, älteren Personen und jungen Paaren zusammen.

Die Erschließung des Geländes erfolgt über die S-Bahn-Linien S25 und S1 sowie die U-Bahn-Linie U9 und den Bus. Es ist auf Grund der direkt am Eingang befindlichen Bushaltestelle infrastrukturell gut erschlossen.

Auf Grund der Vielschichtigkeit der Bevölkerung und des Mangels an Dienstleistungen und kulturellen Angeboten in diesem Gebiet wollen wir einen multifunktionalen Komplex aus weitreichenden Einkaufsmöglichkeiten und Freizeitangeboten sowie kulturellen Erlebnissen schaffen.

Im ehemaligen Direktorenhaus und in dem Verwaltungsgebäude ist eine kleine Jugendherberge untergebracht.

Die Maschinenhalle und das Kesselhaus werden im Erdgeschoss und im Obergeschoss als Markthalle bzw. Passage genutzt.

*There is a dearth of services and culture in the area, despite the complex population structure. To counter this, a multifunctional complex with shopping opportunities and leisure amenities along with cultural events is created here.*

*A youth hostel is constructed in the former director's residential building and the administrative building. A large market hall or passage, a bath and a fitness club are accommodated in the machine hall and the boiler room. A new restaurant has replaced the gas turbines.*

Im Untergeschoss der Maschinenhalle befindet sich ein Bad und in dem des Kesselhauses ein Fitnessclub.

Im Außenbereich sind ein Restaurant-Neubau und ein Freilufttheater vorgesehen.

**Jugendherberge im Direktoren- und Verwaltungshaus**
Die Jugendherberge erstreckt sich über alle Etagen des Direktorenhauses und des Verwaltungshauses.

Die Jugendzimmer befinden sich ausschließlich im Obergeschoss. Die Sechsbettzimmer sind immer paarweise angeordnet und durch eine Glastür verbunden. Den oberen Abschluss der Zimmertrennwände und Flurwände bildet ein ein Meter hohes Fensterband aus Stahlprofilen. Dadurch soll eine bessere Beleuchtung der Flure und Zimmer erreicht werden. Die Zimmer sind mit einem

**Perspektive Maschinenhalle**
*Perspective machine hall*

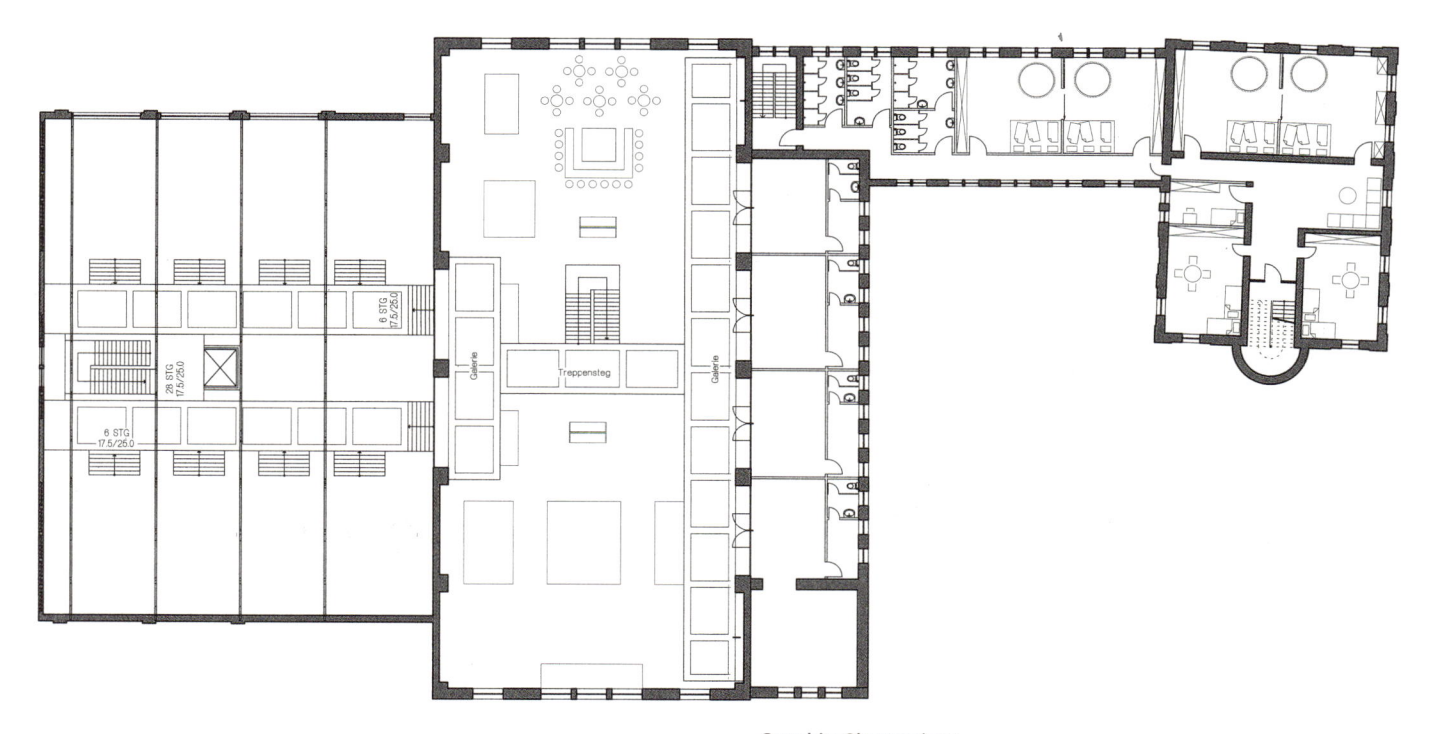

Grundriss Obergeschoss
*Ground-floor plan: upper floor*

zweistöckigen Futonbett, Sitzwürfeln, einem Spielteppich und einem Einbauschrank an der gesamten Querseite ausgestattet.

### Bad im Maschinenhaus

Im Untergeschoss des Maschinenhauses und des Schalterhauses befindet sich ein Erholungsbad. Zu seiner Ausstattung gehören ein Warmbecken, zwei Whirlpools, ein Schwimmer- und ein Nichtschwimmerbecken sowie ein Dampfbad mit Massage. Auch im Untergeschoss haben wir die bestehenden Strukturen weitestgehend beibehalten. So wurden die vorhandenen Wannen der ehemaligen Maschinen für die verschiedenen Becken umgenutzt. Die Sauna befindet sich im ehemaligen Kühlraum, und ihre Fassade öffnet sich zum Teltowkanal hin.

Die vorhandenen Deckendurchbrüche zur Markthalle werden verglast und ermöglichen somit interessante Einblicke und Ausblicke. Die Technik der Schwimmhalle findet in den Kühlräumen Platz.

### Markthalle im Maschinenhaus

Das Maschinenhaus ist durch seinen großen, stützenfreien Hauptraum charakterisiert. Diese Raumwirkung wollten wir bei unserem Entwurf erhalten. Die einzigen Einbauten in diesem Raum sind die Galeriestege, welche die obere Ebene der Passage des Kesselhauses und die Läden im Schalterhaus erschließen. Die Stege bestehen aus einer Stahlrahmenkonstruktion mit geätzten Glasflächen und werden von Stützen aus quadratischen Kastenprofilen getragen. Die vorhandenen Mauerbögen

Perspektiven Jugendherberge
*Perspectives youth hostel*

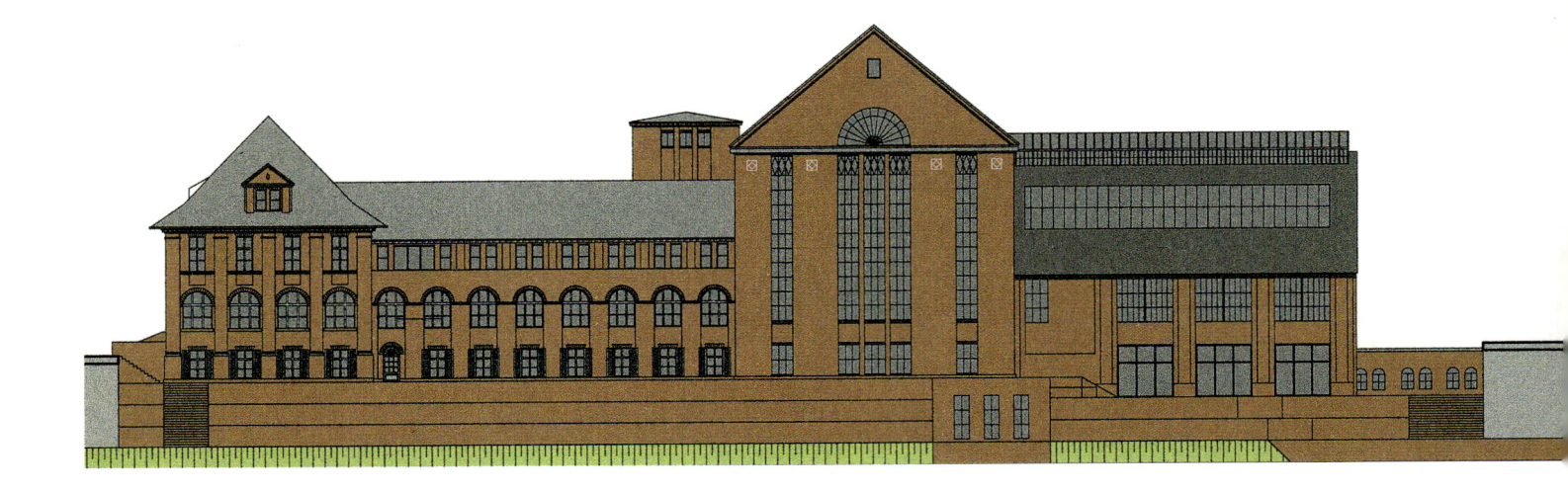

**Galerie in der Maschinenhalle**
*Gallery in the machine hall*

**Ausschnittmodell der Maschinenhalle**
*Sectional model of the machine hall*

der Seitenwände werden geöffnet, um die dahinter liegenden Flächen des Schalterhauses zu erschließen und eine Verbindung zur Passage im Kesselhaus zu schaffen. Die Bögen erhalten eine außenseitig bündige Stahl-Glas-Konstruktion, um die Raumwirkung der Maschinenhalle zu erhalten.

### Passage im Kesselhaus

Im Kesselhaus setzt sich die Gestaltungslinie der Maschinenhalle fort. Die Läden der Passage werden durch eine Galerie, die in Konstruktion und Gestaltung der Maschinenhalle entspricht, erschlossen. Zwischen den Galerien befindet sich ein über alle Geschosse laufender Lichthof, der nur durch eine Verglasung zwischen Erdgeschoss und Untergeschoss unterbrochen wird. In ihm ist als frei stehende Säule der Fahrstuhlschacht eingesetzt.

Im Obergeschoss verlaufen die Galeriestege durch das Tragwerk. Aus diesem Grund gibt es dort einen Niveauunterschied zwischen der Galerie und den Verkaufsflächen.

Die Verkaufsflächen im Obergeschoss sollen als offene Pavillons gestaltet werden.

### Restaurant-Neubau

Auf dem Gelände der ehemaligen Gasturbine soll ein Restaurant-Neubau entstehen. Der Baukörper nimmt optisch die Linie des Kesselhauses und die des Werkstattgebäudes des ehemaligen Straßenbahndepots auf.

Durch die Transparenz des Baukörpers soll sich der Restaurant-Neubau den bestehenden Gebäuden optisch unterordnen.

Die Freiflächen sollen wechselnden Veranstaltungen dienen und zum Verweilen einladen.

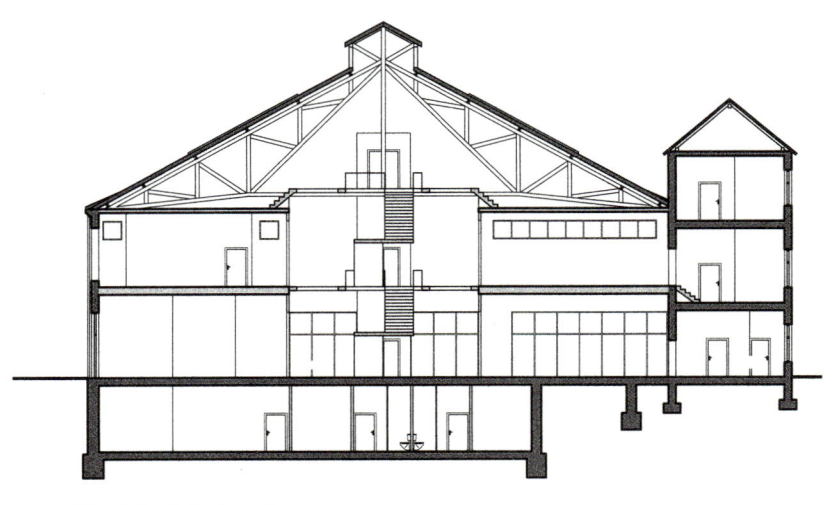

**Schnitt durch das Kesselhaus**
*Section through the boiler room*

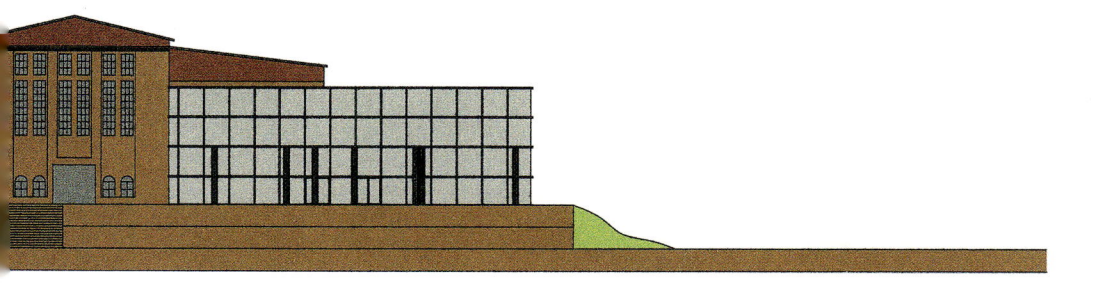

**Ansicht vom Teltowkanal**
*View from Teltow Canal*

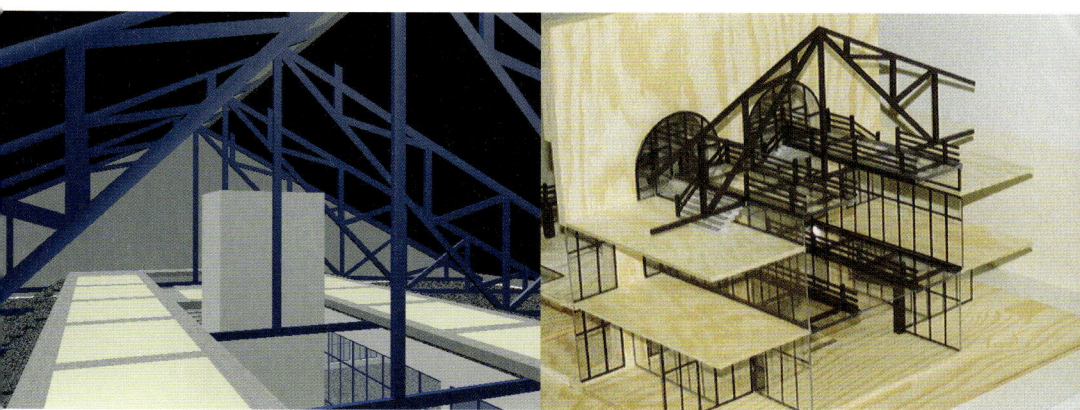

**Galerie im Kesselhaus**
*Gallery in the boiler room*

**Glasmodell**
*Glass model*

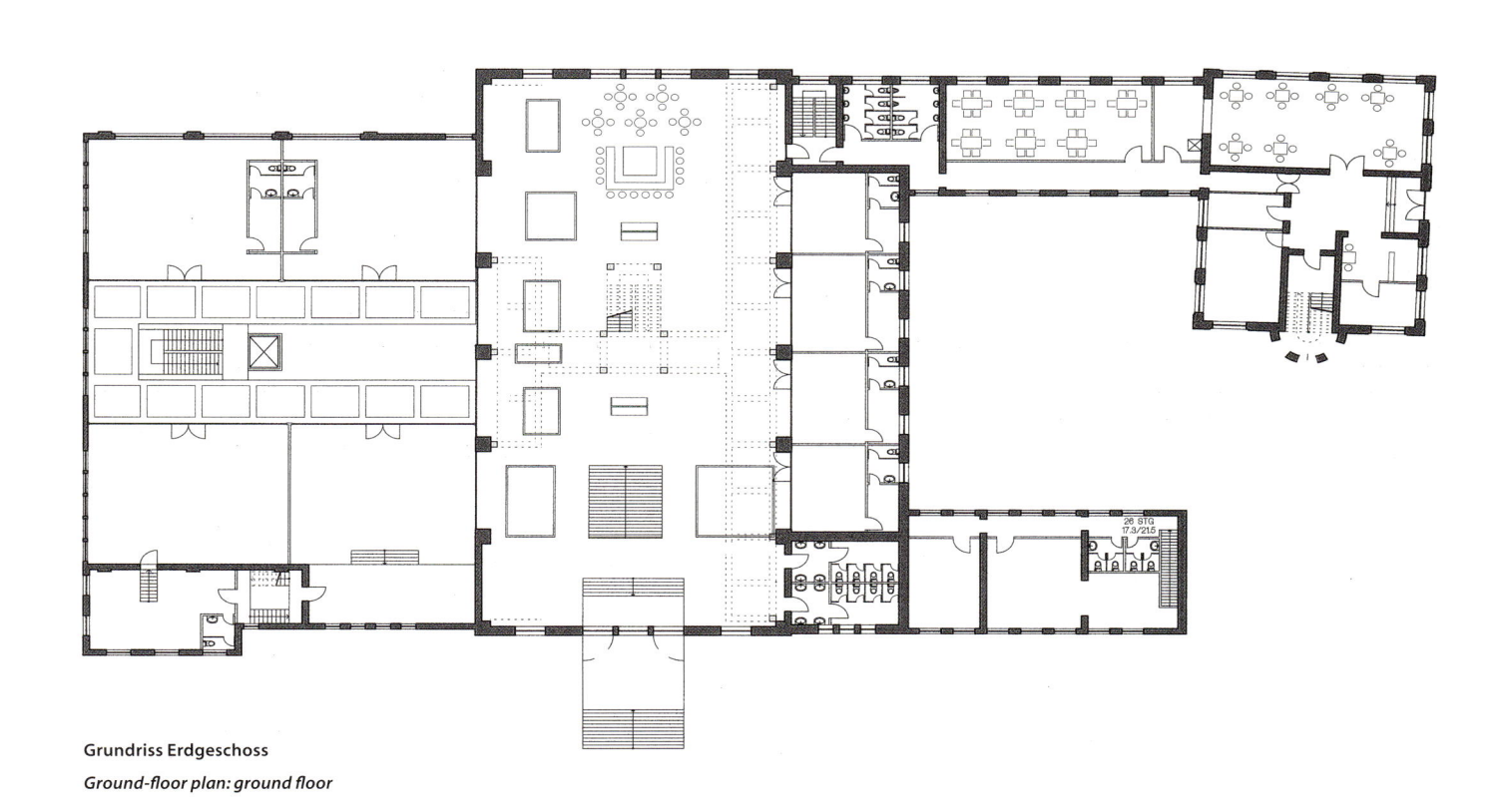

**Grundriss Erdgeschoss**
*Ground-floor plan: ground floor*

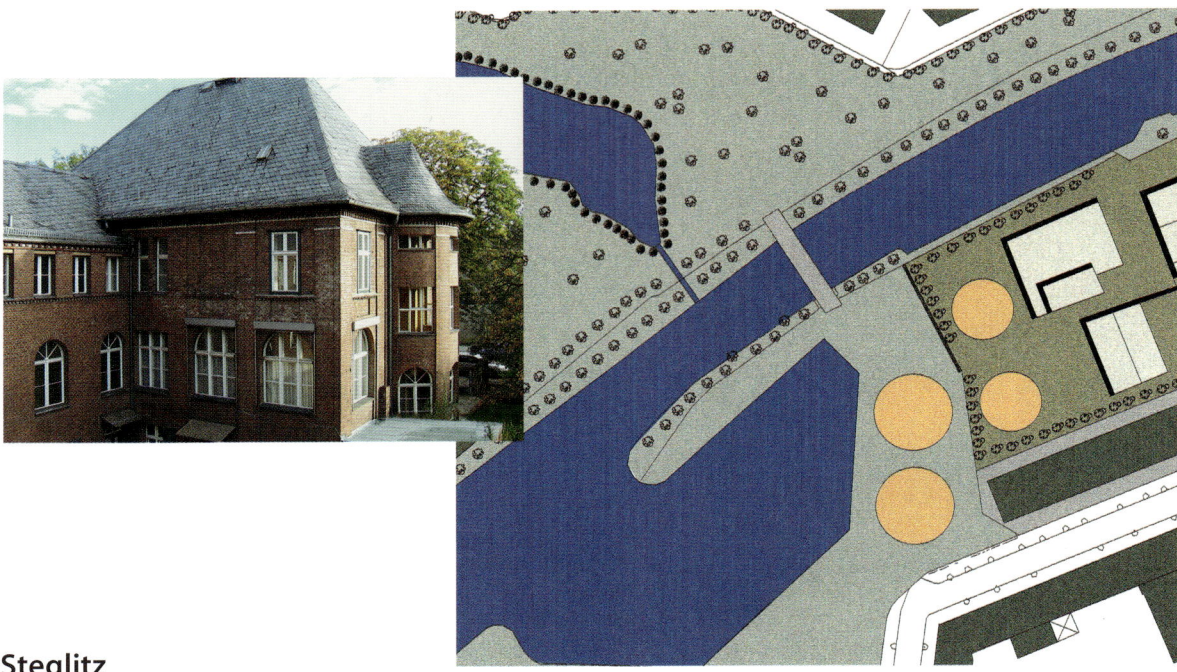

## Energiehöfe Steglitz
*Steglitz Energy Yards*

Silke Einbeck
Matthias Häusler

| | |
|---|---:|
| Nutzfläche im denkmalgeschützten Bestand | |
| *Area in use in listed assets* | 3.350 m² |
| Nutzfläche in anderen Gebäuden | |
| *Area in use in other buildings* | 4.700 m² |

Die Umplanung des zum Teil denkmalgeschützten ehemaligen Heizkraftwerks Steglitz soll Anker für eine neue Kulturlandschaft werden. Uns war es wichtig, das gesamte Gelände um das Heizkraftwerk einzubeziehen und es fast 24 Stunden am Tag zum Leben zu bringen.

Am interessanten Hafen Steglitz bieten wir ein breit gefächertes Kultur- und Sportprogramm, das durch verschiedene Restaurants und Bars ergänzt wird.

Unter anderem wird aus der Turbinenhalle ein multifunktionaler „Event-Palast" für Konzerte, Tagungen und Messen.

In der Werkhalle ist eine spezielle Nutzung als Salsa- bzw. südamerikanische Tanzhalle mit Bar und Restaurant geplant.

### Freianlagen
Die Fundamente der ehemaligen Öltanks nutzen wir als Ausstellungssockel für originale Maschinen aus dem E-Werk. Ein Park verbindet mittels Grünflächen den Hafen und die Hallen. Der Hafen selbst wird durch Anlegeplätze für die Weiße Flotte zu einem lebendigen Erschließungselement.

*The Steglitz Energy Yards offer the surrounding urban area a widely diversified programme of culture and sport, supplemented by various restaurants and bars. A multifunctional "event palace" for concerts, congresses and fairs arises in the turbine building. There is also space for a rehearsal stage for dancers in the studio building. The old power station building from the first decade of the 20th century is divided into two areas. There is a seminar hotel for 60 participants in the administrative building. The building's courtyard is covered, offering more than 300 m² of space for receptions and the like. A fitness centre with wellness area, climbing walls, squash courts and aerobic levels is created in the two western halls.*

Ebenfalls würden wir auch den 120 m hohen Schornstein beibehalten und diesen zu einem Bungeejumping-Sprungturm umnutzen.

### Neunutzung des denkmalgeschützten Bestandes
Das denkmalgeschützte Gebäudeensemble – von der Birkbuschstraße ausgehend – unterteilen wir in drei Nutzungen.

### Seminarhotel
Der ehemalige Verwaltungstrakt wird zu einem Seminarhotel umgebaut. Dieses Seminarhotel beinhaltet Tagungs- und Schlafmöglichkeiten für 60 Teilnehmer. Zusätzlich erhält es eine Bar und ein Restaurant. Der vorhandene Innenhof (ca. 300 m²) wird mittels einer Glasüberdachung zu einem Wintergarten, der variabel nutzbar ist und einerseits zum Verweilen und Ausspannen einlädt, andererseits jedoch auch für größere Empfänge geeignet wäre.

### Fitnesscenter
Der zweite und dritte Teil des Gebäudes, also das Maschinen- und das Kesselhaus, soll ein großes Fitnesscenter mit all seinen Funktionen beherbergen. Dazu gehört – neben den herkömmlichen Fitnessgeräten – im Untergeschoss auch ein Wellnessbereich mit Schwimmbecken, verschie-

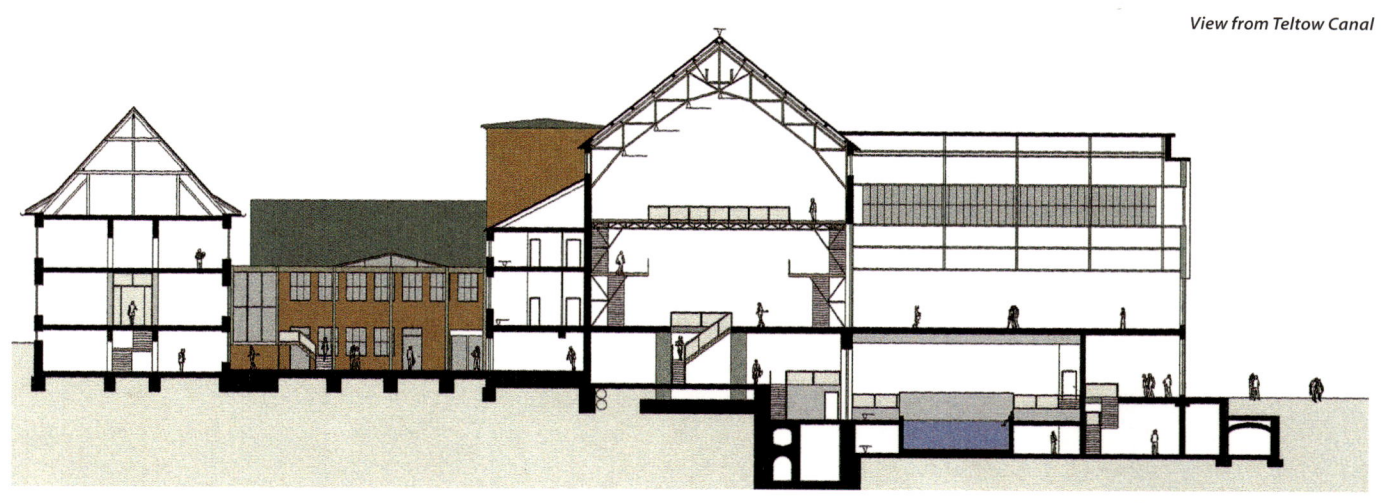

**Ansicht vom Teltowkanal**
*View from Teltow Canal*

**Längsschnitt**
*Longitudinal section*

denen Saunen, Entspannungsbädern, Whirlpools, Massageraum, Solarium usw.

Im Obergeschoss werden Funsportarten angeboten, wie z. B. zwei Kletterwände mit verschiedenen Schwierigkeitsgraden, Squashcourts, Aerobic- und Tanzräume. Eine Sportbar mit Blick auf den Teltowkanal soll entstehen.

In der imposanten Halle des Maschinenhauses haben wir zwei Ebenen vorgesehen, die so dezent gestaltet sind, dass sie die Gesamterscheinung der Halle nicht zerstören. Auf diesen funktionsorientierten Ebenen gewinnen wir Flächen von ca. 400 m², aber auch und vor allem einen neuen Charakter für die Halle.

**American Sports Bar**

Die westliche Mauerwerksfassade des denkmalgeschützten Gebäudeensembles tauschen wir gegen raumhohe Glaselemente aus, um einen offenen Blick auf das Gelände in Richtung Teltowkanal zu ermöglichen.

Im oberen Bereich des Restaurants werden an den Wänden riesige Leinwände bzw. Fernseher installiert, die dann Sportereignisse aus der ganzen Welt ausstrahlen.

Das Untergeschoss lädt mit Musik zum Billardspielen ein.

**Ansicht zur Birkbuschstraße**
*View towards Birkbuschstrasse*

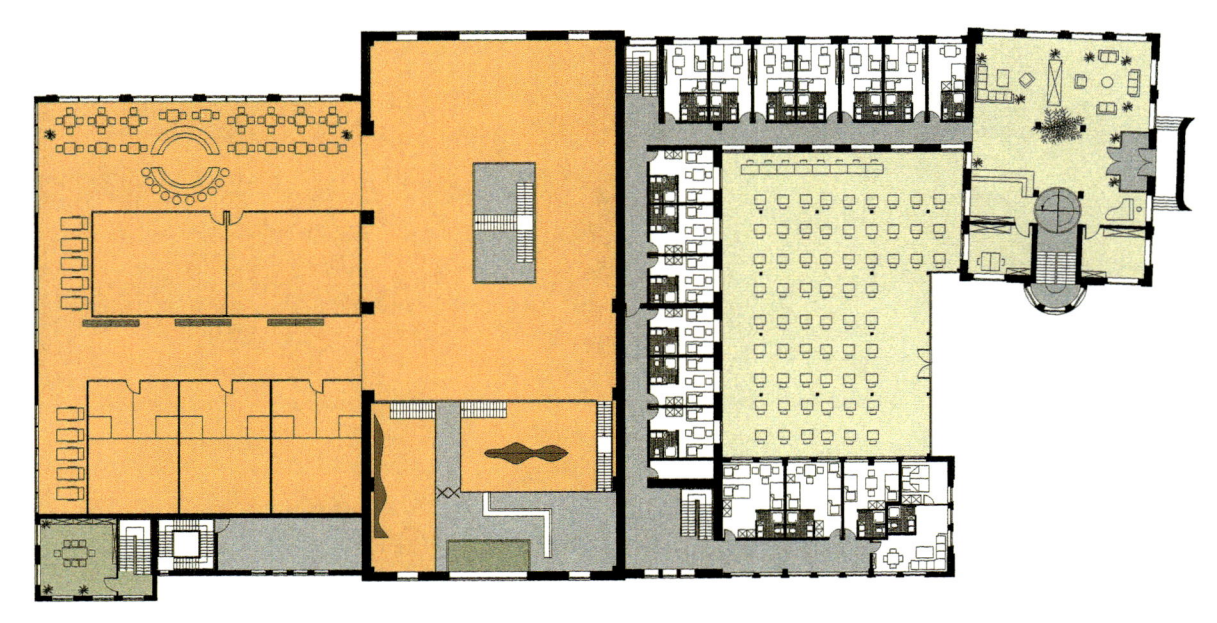

**Grundriss 1. Obergeschoss**
*Ground-floor plan: first floor*

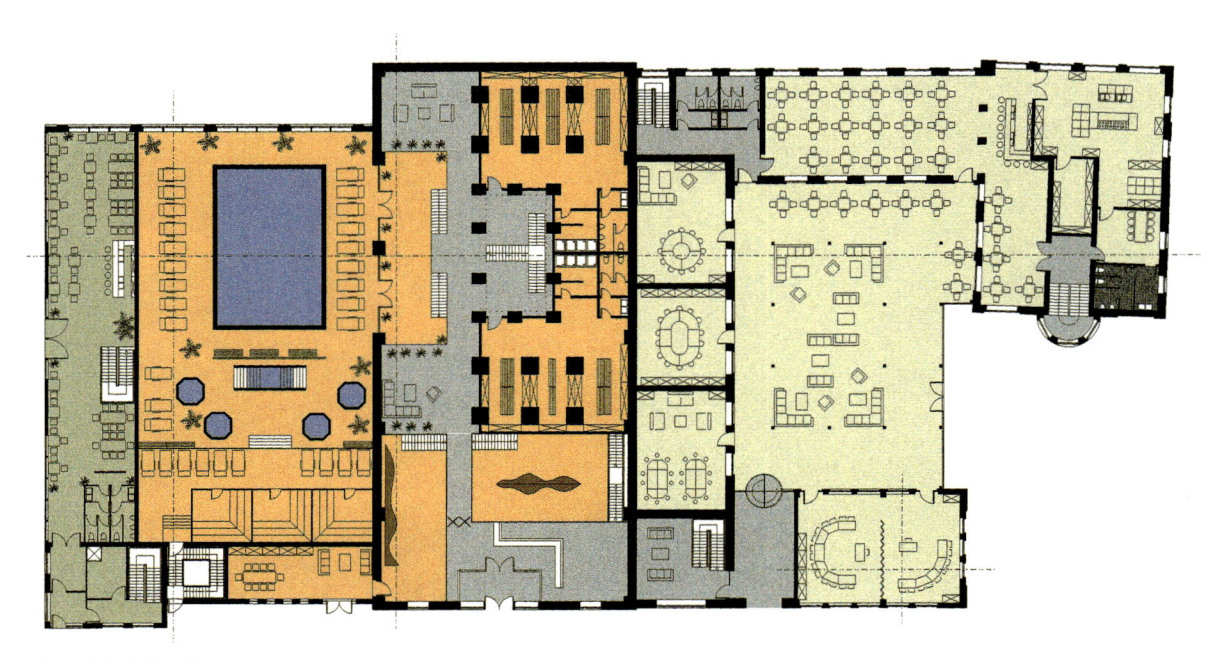

**Grundriss Erdgeschoss**
*Ground-floor plan: ground floor*

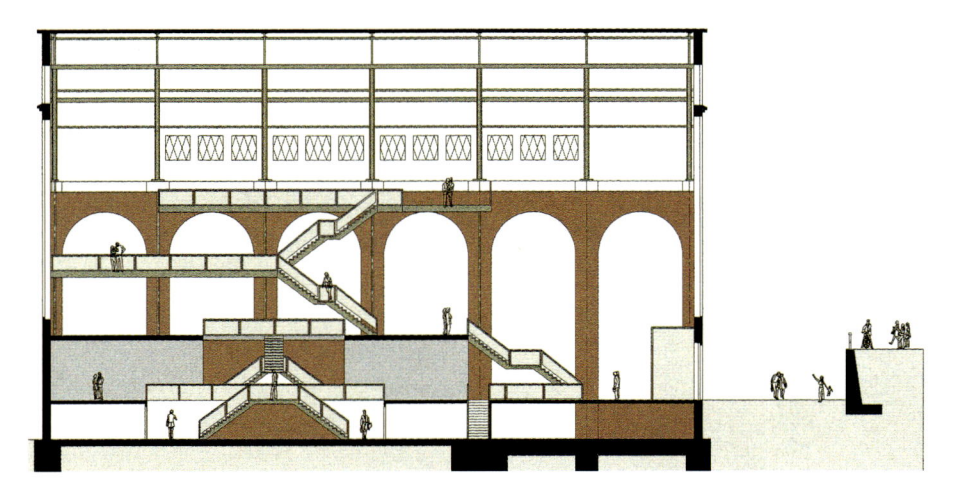

**Schnitt durch Maschinenhalle**
*Section through machine hall*

**KRAFT – KÖRPER – WERK**
*STRENGTH – BODIES – WORK*

Nicole Aßmann

| | |
|---|---:|
| Nutzfläche im denkmalgeschützten Bestand | |
| *Area in use in listed assets* | 3.900 m² |
| Nutzfläche in anderen Gebäuden | |
| *Area in use in other buildings* | 1.800 m² |

**Idee**

Für mich stand im Vordergrund meiner ersten Überlegungen, dass der ursprüngliche Charakter dieses Kraftwerks nicht verloren geht und der „Geist" des Gebäudes weiterlebt. Es entsteht das „KRAFT – KÖRPER – WERK".

Auf ca. 3.500 m² steht im Zentrum nunmehr der menschliche Körper, der mit „Strom" versorgt werden soll. Es wird ein Ort geschaffen, an dem der gestresste Großstädter sich erholen und regenerieren kann, sowohl auf körperlicher als auch auf geistiger Ebene. Die Sinne sollen angeregt und die Wahrnehmung gesteigert werden. Farb-, Licht- und Aromatherapien spielen dabei eine große Rolle, um die Heilung zu fördern und Kräfte zu wecken. Sportliche Aktivitäten und meditative Regeneration stehen gegensätzlich im Mittelpunkt dieses Ortes.

Um das Ambiente des Ortes zu steigern und die Potenziale zu nutzen, wird vorgeschlagen, das in den 60er Jahren entstandene Gasturbinenhaus abzureißen. Somit erhält der Bäkepark eine Fortführung auf dieser Seite des Teltowkanals. Eine kleine parkähnliche Anlage entsteht, strukturell angelegt wie ein Japanischer Garten, in dem Ruhezonen zum Verweilen und Entspannen einladen. Um das Gelände für die Öffentlichkeit attraktiv zu machen, werden Kunstobjekte aufgestellt, und entlang des Teltowkanals wird eine Uferpromenade angelegt, die das Hafengelände miteinbezieht. Ein vorgeschobenes Hafencafé auf der Landzunge

*In the STRENGTH – BODIES – WORK complex, the visitor is offered an extensive range of alternative far-eastern medicine and medicinal practice. The spectrum ranges from light and aromatherapies, saunas, acupressure and courses in T'ai Chi right up to classic Chinese medicine.*

**Vogelperspektive**
*Bird's-eye view*

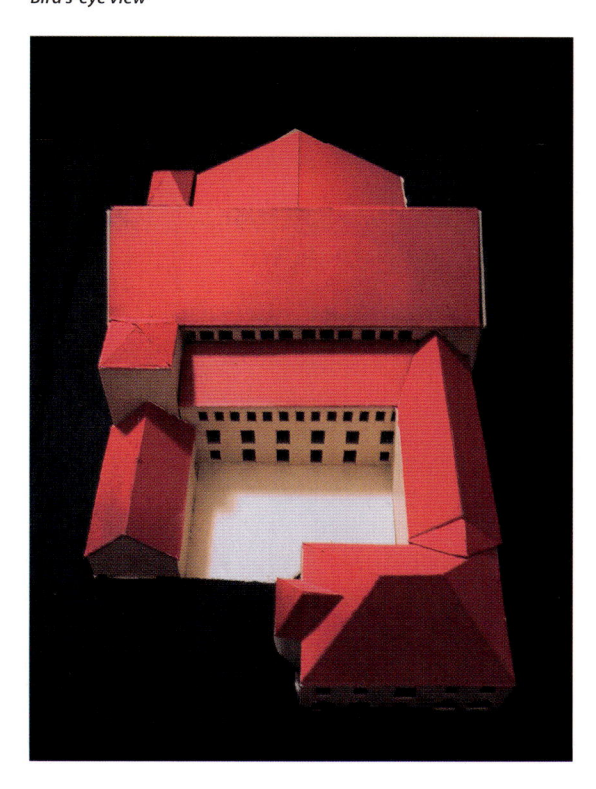

bildet die erste Landmarke. Nachts übernimmt ein rot illuminierter Würfel diese Aufgabe.

Der Komplex ist von drei Seiten erschlossen: Über die zur Fußgängerbrücke umfunktionierte ehemalige Leitungsbrücke über den Kanal, über die interne Betriebstreppe von der Birkbuschstraße aus, über die Teltowkanalstraße aus, d.h. vom Hafen her.

Auf zwei runden Fundamenten ehemaliger Öltanks sollen zylindrische Parkregale entstehen, um möglichst kompakt angelegte Parkplätze in ausreichender Anzahl anbieten zu können.

Den Haupteingang zu dem „KRAFT – KÖRPER – WERK" bildet das ehemalige Kesselhaus, das eine großzügige Empfangshalle mit Kassenbereich, Umkleidekabinen, Café und Shop im Erdgeschoss beinhaltet. Im Obergeschoss ist eine Aktivebene angeordnet, auf der große helle Räume für ein weit gefächertes Kursangebot im Bereich asiatischer Lebensart wie Shiatsu, Tai Chi, Qi Gong etc. entstehen. Diese Ebene ist unabhängig vom Wellnessbereich nutzbar. Das Untergeschoss wird zur „Halle der Sinne". Hier zeigt eine ständige Ausstellung Exponate zum Thema „Sinne" und (ver)führt Besucher in eine auf- und anregende „Welt der Sinne".

Die imposante, größtenteils in ihrem Bestand unangetastete Halle nimmt die Wasserzonen des Komplexes auf, die auf drei Ebenen angeordnet sind. Die unterste Saunaebene ist zum Teil in den ehemaligen Kühlräumen untergebracht. In Verbindung mit neuen räumlichen Ergänzungen entsteht so eine vollständige Saunalandschaft. Ein Schwimmbecken und ein Kneippbecken werden in schon vorhandene Öffnungen eingesetzt, die sich auf dieser Ebene befinden. Die mittlere Ebene (entspricht der Eingangsebene Kesselhaus) wird ein Dampfbad mit Wasserbecken unterschiedlicher Themen (Whirlpool, Solebecken etc.) beherbergen, die ebenfalls in vorhandene Öffnungen eingesetzt werden. Im obersten Geschoss der Maschinenhalle ist das Warmbad, ebenfalls mit Wasserbecken unterschiedlicher Inhalte. Über kleinere Treppenanlagen gelangt man sowohl in die Aktivebene als auch in die Ruhezonen. Eine Galerie entsteht an der Längsseite der Halle. Sie soll als Lichtband in Abendstunden für Stimmungslicht sorgen.

Der Wasserzone sind so genannte Ruhezonen angeschlossen, die im ehemaligen Schalthaus untergebracht werden. Die Ruhezonen thematisieren jeweils eine Sinneswahrnehmung: Aroma – Klänge – Licht. Dies geschieht mittels entsprechender Technik sowie Rauminstallationen.

Im Seitenflügel sind Massageräume untergebracht. Hier kümmert man sich individuell um

**Kesselhaus Erdgeschoss Dampfbad**
*Boiler room ground floor steam bath*

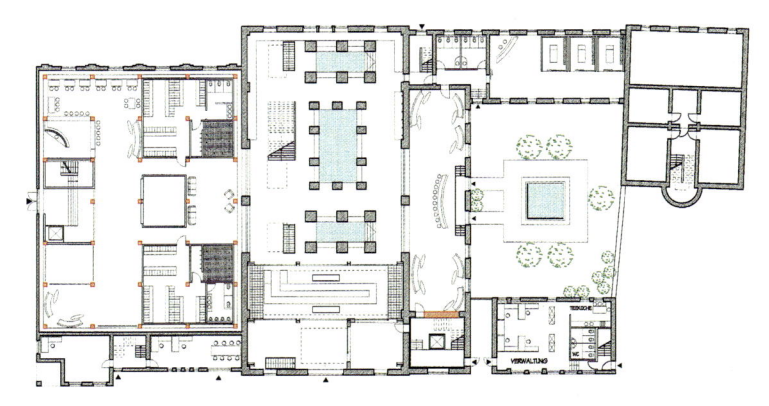

**Grundriss Erdgeschoss**
*Ground-floor plan: ground floor*

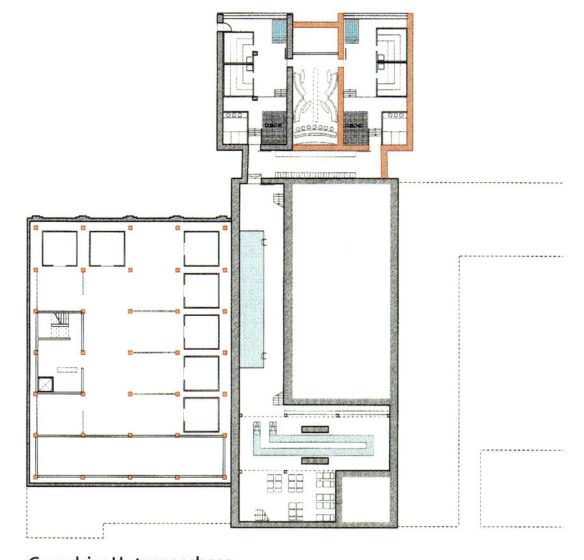

**Grundriss Untergeschoss**
*Ground-floor plan: basement*

Längsschnitt
*Longitudinal section*

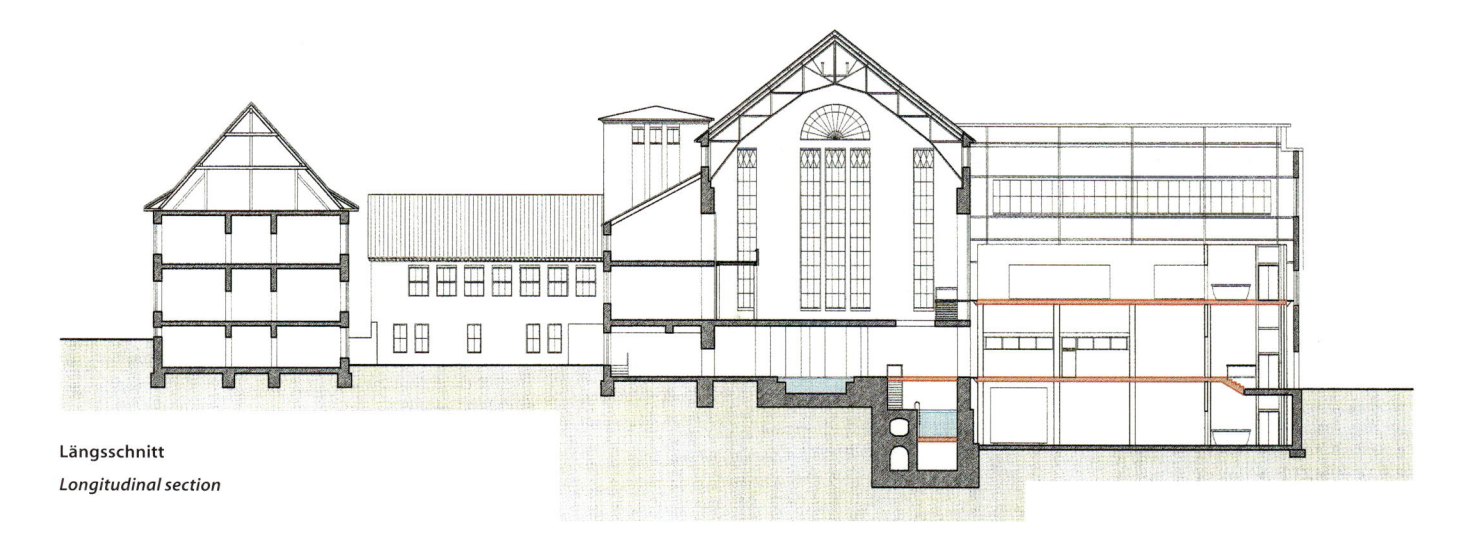

Maschinenhalle
*machine hall*

den Menschen selbst. Auf drei Ebenen gibt es die Möglichkeit, sich in unterschiedlichen Bereichen behandeln zu lassen: Massage, Akupunktur, Akupressur etc.

Im Direktorenhaus soll eine Arztpraxis entstehen, die z. B. Praxisräume für Heilpraktiker oder Spezialisten asiatischer bzw. alternativer Medizin beherbergen könnte. Insgesamt steht hier eine Fläche von ca. 350 m² zur Verfügung, die auch im direkten Austausch mit dem „KRAFT – KÖRPER – WERK" funktionieren kann.

Die Verwaltung wird in den Räumen an der betriebsinternen Straße untergebracht, um somit auch eine gewisse räumliche Trennung zwischen öffentlichem Publikumsverkehr und dem intimeren Regenerationsprozess zu erreichen.

Die Umbaumaßnahmen beschränken sich auf ein notwendiges Minimum, bei dem behutsam mit dem Bestand und der Ensemble-Wirkung umgegangen werden soll.

Als erstes soll Alt und Neu stets getrennt bleiben, d.h., die neue Konstruktion wird nie ganz an den Bestand herangeführt. So z.B. als prägendes Merkmal des Kesselhauses, in das eine frei stehende Stahlbeton-Stützen-Konstruktion gesetzt wird, die nur mit einem umlaufenden Glasband, welches zusätzlich Licht in die einzelnen Ebenen bringen soll, an die Bestandswände herangeführt wird.

Für die Schwimmbecken im Maschinenhaus werden vorhandene Öffnungen und Stützenpositionen genutzt. Geschlossene Fenster- und Türöffnungen werden wieder geöffnet, restauriert und dem Gesamtbild angepasst. Nachträgliche Einbauten werden wieder entfernt.

Dampfbad
*Steam bath*

## CKS Campusgelände des alten Kraftwerks Steglitz
*CKS Campus Site of the Former Steglitz Power Station*

Steffen Lehmann

| | |
|---|---|
| Nutzfläche im denkmalgeschützten Bestand  Lageplan  *Site plan* | |
| *Area in use in listed assets* | 3.900 m² |
| Nutzfläche in anderen Gebäuden | |
| *Area in use in other buildings* | 1.800 m² |

Der Entwurf sieht eine Nutzung des Grundstücks Birkbuschstraße 40–44, 12167 Berlin-Steglitz als Hochschulstandort vor.

Der Entwurf greift die spezifischen Merkmale des Bestands auf, der sich beispielsweise in der unverkennbaren Gliederung, Gruppierung von Räumen und der Rhythmisierung der Bauten auf dem Grundstück auszeichnet. Er zielt inhaltlich auf die gegensätzliche Entwicklung der öffentlichen Hochschulpolitik und den ersehnten Wandel der Gesellschaft im Bildungszeitalter ab. Private Investoren suchen vor dem Hintergrund der schlechten Situation öffentlicher Kassen nach passenden Grundstücken mit entsprechenden Standortsituationen, um die Universitäten der Zukunft zu entwickeln.

Die wichtigsten Standortfaktoren sind folgende:
1. City und städtische Nebenlage
2. Einzugsgebiet mittlerer Wohnlagen
3. Verkehrsgünstige Erschließung mit direktem Zugang zum öffentlichen Verkehrsverbund
4. Potenzielle Symbolik

*Using the power station as a university suggests itself for the following reasons in particular:*
1. *Secondary urban location*
2. *Medium-residential catchment area*
3. *Conveniently situated site development*
4. *Potential symbolism*
5. *Favourable real estate value*

*The design is characterized by a special tension between old industrial architecture and new architecture. Seminar rooms and workrooms stage the current old substance. New architecture's dematerialization turns the interiors and façades of the old power station into a spatial shell. This university's very special trademark is to use resources and to exhibit this in the architecture.*

Perspektive Campusgelände
*Perspective campus area*

Perspektive vom Wasser
*Perspective from water*

Ansicht Nord
*North view*

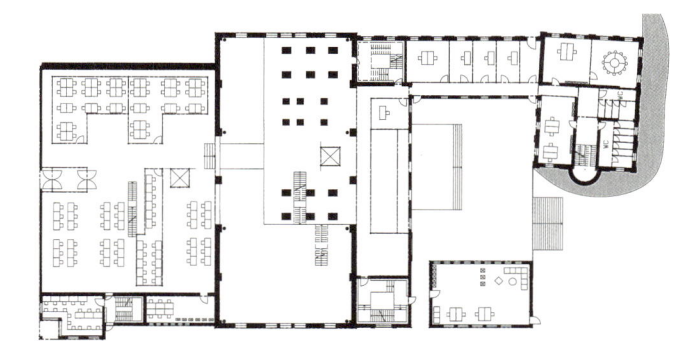

Kesselhaus, Maschinenhalle, Verwaltung 1. Untergeschoss
*Boiler room, machine hall, administration first basement level*

Kesselhaus, Maschinenhalle, Verwaltung Erdgeschoss
*Boiler room, machine hall, administration ground floor*

5. Eventueller Grundstückserwerb, tragbarer Grundstückswert
6. Entwicklungsspielraum.

Wichtige Aspekte bei der Standortfrage, die durchaus für das Grundstück zutreffen.

Das Projekt wurde an konkreten Bedarfszahlen entwickelt. Die Grundlage bilden die Zahlen des Hauses Bauwesen der TFH Berlin. Das Haus Bauwesen beherbergt die Studienrichtungen Bauingenieurswissenschaften, Kartographie, Vermessungswesen, Architektur und Energietechnik.

Schaut man in die Zukunft, so befassen sich 90 Prozent der vergebenen Bauaufträge im Jahre 2010 mit dem Umbau oder der Sanierung von Altbausubstanz. Dies ist eine Perspektive, die dem ohnehin interessanten, aussagekräftigen Baubestand in der Birkbuschstraße 40–44 gerade für die oben aufgezählten Studienrichtungen Symbolik verleiht. Nicht nur die von mir vorgeschlagenen Studienrichtungen – denen ich den Willen unterstelle, umbauten Raum in besonderer Weise zu begreifen – können an diesem Ort ihre ganz persönliche Erlebniswelt erfahren.

Auch Studenten anderer Fachrichtungen, z. B. der Geschichte, Medientechnik, Informatik etc., werden zweifelsfrei räumliche Dichte im Sinne der unterschiedlichen Wirkungsweise erleben und eine positive Inanspruchnahme des Kraftwerks für sich entdecken.

Im Besonderen zeichnet sich das Grundstück und die Bebauung für die Nutzung als Campus durch seine Freiraumbezüge aus.

Perspektive Kesselhaus
*Perspective boiler room*

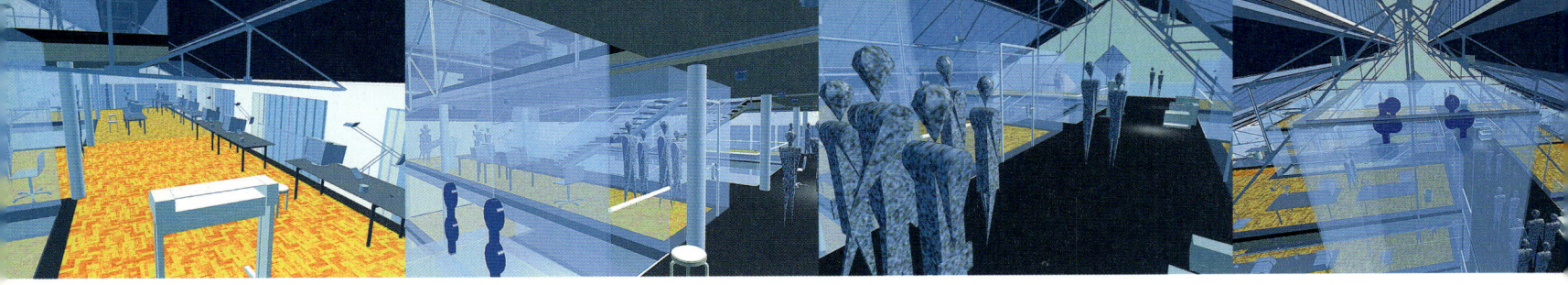

1. Obergeschoss Kesselhaus
Fenster im Norden
*First floor boiler room
window in the north*

1. Obergeschoss Kesselhaus Mittelgang
*First floor boiler room central corridor*

2. Obergeschoss Kesselhaus Mittelgang
*Second floor boiler room central corridor*

Dachraum Kesselhaus
*Loft boiler room*

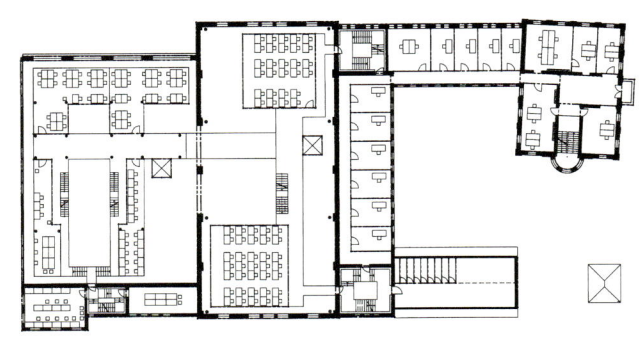

Kesselhaus, Maschinenhalle, Verwaltung 1. Obergeschoss
*Boiler room, machine hall, administration first floor*

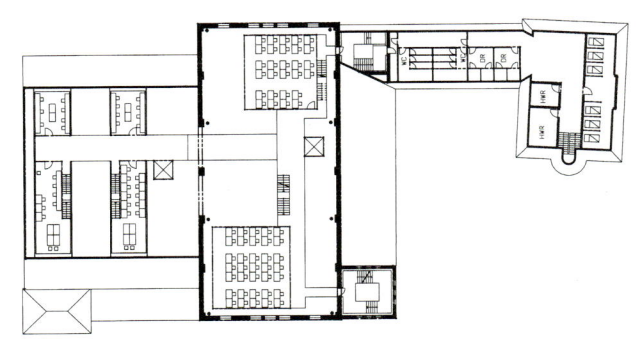

Kesselhaus, Maschinenhalle, Verwaltung 2. Obergeschoss
*Boiler room, machine hall, administration second floor*

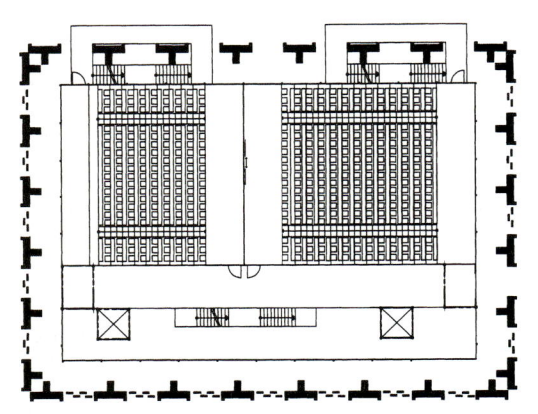

Turbinenhalle Erdgeschoss
*Turbine building ground floor*

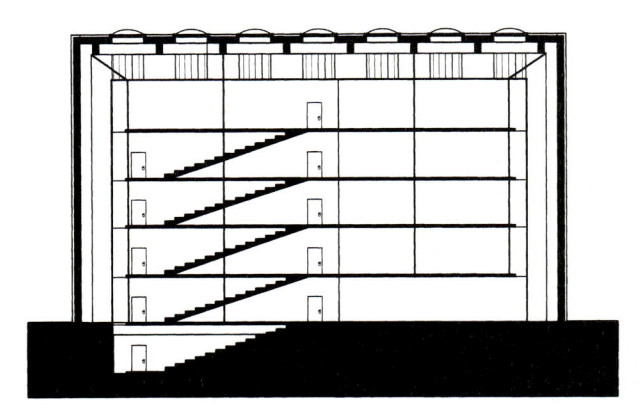

Turbinenhalle Schnitt
*Turbine building section*

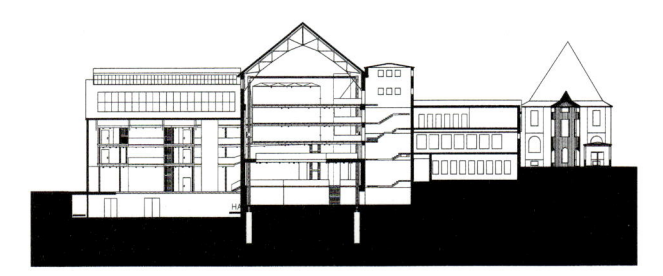

Schnitt Kesselhaus, Maschinenhalle, Sozialbau
*Section boiler room, machine hall, social building*

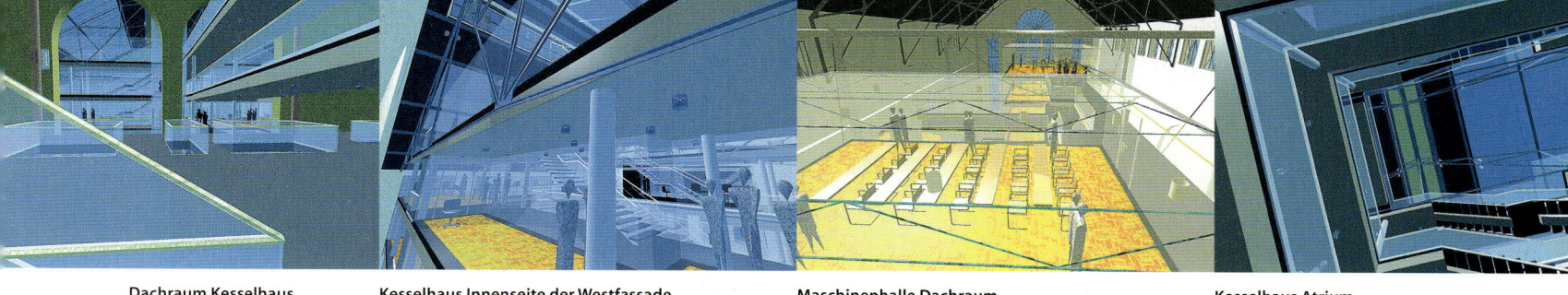

**Dachraum Kesselhaus**
*Loft boiler room*

**Kesselhaus Innenseite der Westfassade**
*Boiler room inside the west façade*

**Maschinenhalle Dachraum**
*Machine hall loft*

**Kesselhaus Atrium**
*Boiler room atrium*

**Turbinenhalle Vorlesungsraum**
*Turbine building lecture area*

**Tragwerk Maschinenhalle**
*Load-bearing structure machine hall*

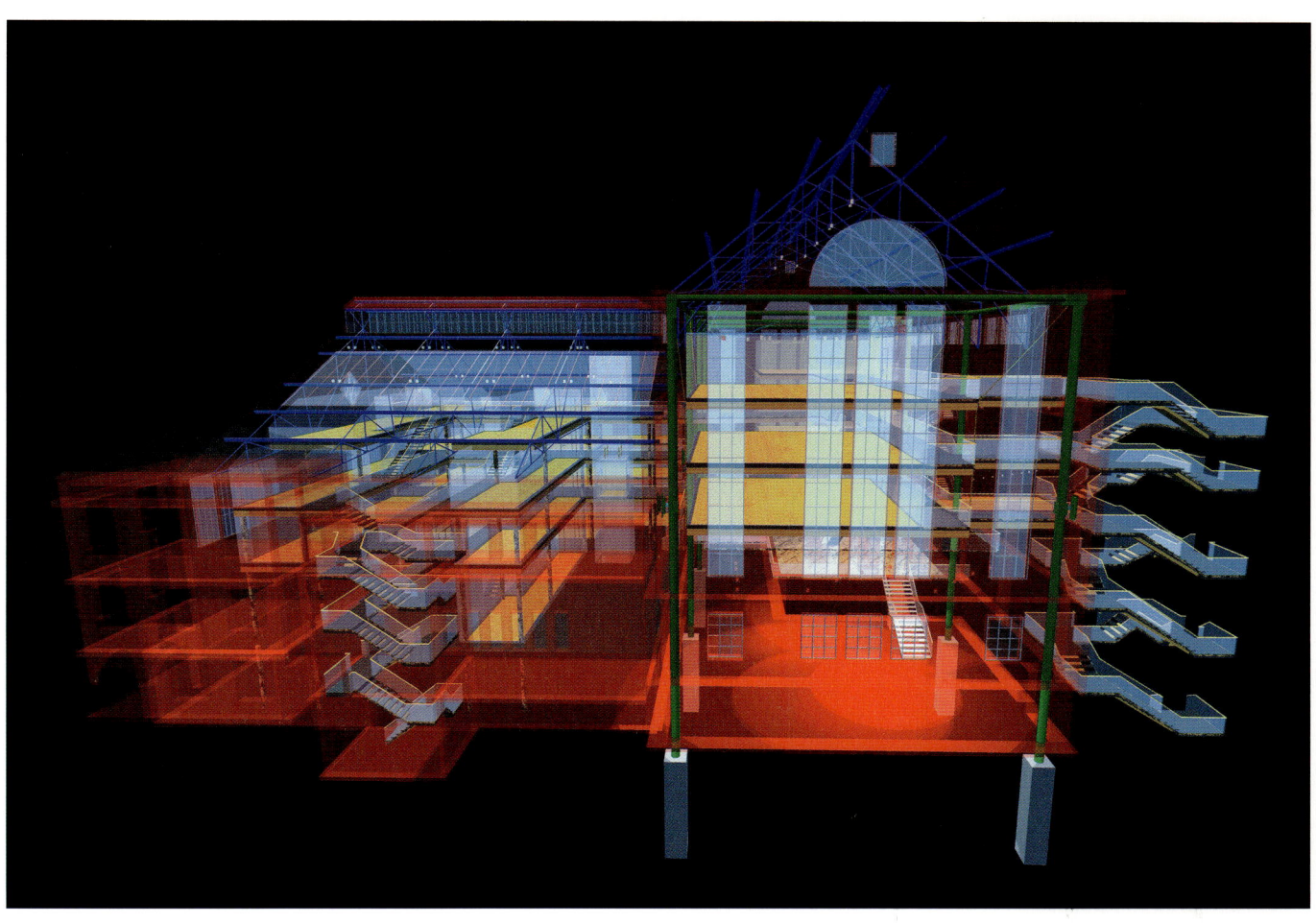

**Durchblick**
*View*

© 2002 by Jovis Verlag GmbH
und Bewag Aktiengesellschaft
für die Fotografien bei den Fotografen bzw. den
Bildrechteinhabern sowie für die Texte bei den Autoren
*Photographs and texts by kind permission by the
authors and holders of the picture rights.*

Alle Rechte, insbesondere das Recht der Übersetzung,
Vervielfältigung (auch fotomechanisch), der elektronischen
Speicherung auf einem Datenträger oder in einer
Datenbank, der körperlichen und unkörperlichen
Datenwiedergabe (auch am Bildschirm, auch auf dem
Weg der Datenübertragung) sind ausdrücklich
vorbehalten.
*All rights reserved. No part of this publication may be
translated, reproduced, stored in a retrieval system,
or transmitted, in any form or by any means, electronic,
mechanical, photocopying, recording, or otherwise,
without the permission of the publisher.*

**Jovis Verlag GmbH**
Kurfürstenstraße 15/16
10785 Berlin

ISBN 3-936314-00-4

**Herausgeber** *Editor*
Bewag Aktiengesellschaft
Puschkinallee 52
12435 Berlin
**Konzeption und Redaktion** *Conception and editing*
Hans Achim Grube
Christina Keseberg
Doris Falkenau
Mara Pinardi
**Gestaltung** *Design*
MetaDesign, Berlin
**Gestaltung der Projektseiten** *Design of the project pages*
TFH Berlin (Klaus Konietzko, Andreas Maria Lang,
Steffen Lehmann, Ronald Otto)
**Bildnachweis** *Index of illustrations*
Bewag-Firmenarchiv 4, 5, 10, 11, 13, 18, 19, 21, 25, 52, 53
Reinhard Görner 9
Archiv Kahlfeldt 8
Mara Pinardi 14, 15, 20, 23, 24, 25, 48, 49, 51
Michael Zalewski 7
**Übersetzung ins Englische** *English translation*
Ian Cowley, Berlin
**Lithographie** *Lithopraphy*
MetaServices, Berlin
**Druck** *Printing*
Ruksaldruck, Berlin
**Bindung** *Binding*
Buchbinderei Stein + Lehmann, Berlin